地域力で活かすバイオマス

参加・連携・事業性

近藤加代子・大隈　修
美濃輪智朗・堀　史郎 編

海鳥社

カバー・本扉イラスト
工藤亜実

目次

Contents

序章　地域力とバイオマス利活用——成功と失敗に学ぶ

1. 自然エネルギーとしてのバイオマス　7
2. わが国のバイオマス利活用の困難さと地域づくり　8
3. 本書の課題　11

第1章　事例に見るバイオマス利用の実際

1. バイオマスの種類と資源化の状況　15
2. 家庭系生ごみバイオマスの利活用——大木町　16
3. 事業系生ごみバイオマスの利活用——エコフィード　21
4. 木質バイオマスの利活用　26
5. 家畜ふん尿バイオマスの利活用——都城市　40

［コラム］地域通貨を利用した木質バイオマスの収集　49

【キーパーソンが語る1】生ごみの分別で地域の一体感……境　公雄　50

第2章　バイオマス利活用技術と事業性（経済性と実効性）の評価

1. はじめに　53
2. バイオマス種類と利活用技術　53
3. バイオマス利活用の事業性と実効性　59
4. バイオマス利活用事業の事業性（経済性）評価事例　67

［コラム］湿潤系バイオマスを正味のエネルギー資源として利用する　85

第3章　経済的なバイオマスの利活用——ペレット製造工場を例に

1. ペレット製造工場における事業性の評価　87

2 ペレット製造工場の事業性に影響を及ぼす要因　93
　3 ペレット製造工場の事業性を向上させるための取り組み　101
　4 ペレット・チップ製造工場における事業性評価のまとめ　105
　［コラム］木質バイオマスの搬出・運搬費について　107
　【キーパーソンが語る2】バイオマスの成功を握る地域力……中越武義　110

第4章　やり方次第でこんなに違う、環境効果と地域効果
　　　　　　　　　　　　　　──効果を計ろう「バイオマス会計」

　1 効果を目に見える形にする「バイオマス会計表」　113
　2 バイオマス会計表の使用例　116
　【キーパーソンが語る3】連携でつくる民間主導のバイオマスタウン
　　　　　　　　　　　　　　　　　　　　　　　……森田　学　123

第5章　地域力を計る

　1 地域力──行政力・企業力・住民力　127
　2 自治体における地域力と取り組み　131
　3 木質バイオマス事業（民間）　150
　4 家畜ふん尿バイオマス施設（堆肥化施設）　152
　【キーパーソンが語る4】企業システムと地域システム……中嶋健造　155
　［コラム］キーパーソンたち──大木町の地上の星空　158

資料──地域カルテ　161

　　小林市／足寄町／別海町／真庭市／大木町
　　JAあさひな／JAたまな／東宇和農業協同組合／岩手江刺農業協同組合
　　有限会社真貝林工／真庭森林組合／銘建工業株式会社

あとがき　195
参考資料一覧　198
編著者一覧　200

地域力で活かすバイオマス

参加・連携・事業性

序章

地域力とバイオマス利活用
―― 成功と失敗に学ぶ

1 自然エネルギーとしてのバイオマス

　バイオマスは、生物資源のことである。太陽エネルギーを植物が転換してつくり出す資源であり、生態系の上位の動物、そして人間によって利用された残さを含めて、すべての有機性資源を総称したものである。

　バイオマス資源は、再生可能資源として、太古の昔から人間の衣食住を支えてきた。人類は持続可能な形で地域のバイオマス資源を余すことなく利用するために知恵を絞ってきた。しかしながら近代技術の発展によって、死んだバイオマスとしての化石性資源や鉱物性資源などの枯渇性資源に代替されることが多くなった。そしてごみ問題、資源枯渇問題、温暖化などの環境問題が深刻となる一方で、バイオマス資源が十分に利用されない、大変もったいない状況となっている。

■表1　自然エネルギー発電設備容量（2008年までの累積推定値）

（単位：100万 kW）

	世界総計	途上国	EU-27	中国	米国	ドイツ	スペイン	インド	日本
風力発電	121	24	65	12.2	25.2	23.9	16.8	9.6	1.9
小水力発電	85	65	12	60	3	1.7	1.8	2	3.5
バイオマス発電	52	25	15	3.6	8	3	0.4	1.5	>0.1
太陽光発電――連系	13	>0.1	9.5	>0.1	0.7	5.4	3.3	~0	2
地熱発電	10	4.8	0.8	~0	3	0	0	0	0.5
太陽熱発電――CSP	0.5	0	0.1	0	0.4	0	0.1	0	0
海洋（潮力）発電	0.3	0	0.3	0	0	0	0	0	0
自然エネルギー発電容量合計（大型水力を除く）	280	119	96	76	40	34	22	13	8

注：~0 は数千 kW 程度の小さな数値
参考値：大型水力発電860、総電力容量4700
出所：『自然エネルギー世界白書』2009年度版

2011年3月の福島原発事故以降、化石燃料に代わるエネルギーとして自然エネルギーの利用が推進されている。わが国は、原発事故以前から、1997年の新エネルギー法以来、自然エネルギーの普及に取り組んできたものの、世界的に見ると、先進諸国や主要な発展途上国に大きく遅れを取っている。バイオマスエネルギーは、世界レベルでは風力、小水力に次ぐ規模で発電設備が導入されており、自然エネルギーの柱といえる（表1）。バイオマス・エネルギーは、実用性の高い使えるエネルギーなのである。しかしわが国では、他の自然エネルギーに比べて極端に小さな導入率となっている。わが国では、バイオマスエネルギーは、諸外国に比べてほとんど活用されておらず、その分活用可能性が十分に残されている。

2 わが国のバイオマス利活用の困難さと地域づくり

　2002年の「バイオマス・ニッポン総合戦略」は、わが国におけるバイオマス利活用の推進を高らかに宣言した。
　バイオマス・ニッポンでは、①温暖化防止、②循環型社会形成、③新産業育成、④農山村活性化が目的として掲げられている。バイオマスは、輸入資源ではなく地域に存在するものであり、うまく活用すれば、地域活性化効果も大きい。地域のバイオマス資源の総合的な利活用を進めるバイオマスタウン構想策定自治体も300を超え、日本中でバイオマス利活用事業に取り組んできた。
　しかし2011年2月に総務省は、「バイオマス利活用に関する政策評価書」を発表した。そこでは、補助金を含む公共投資と民間投資とを合わせて6兆円がバイオマス利活用事業に投下されてきたが、初期の目的を達したものがほとんどない上に、経済的に成り立っていないとした。
　この「評価書」への見解は人によって異なろうが、バイオマス利活用に伴う問題の一面をついていることは確かである。以前から、先端的な技術を入れたバイオマス利活用施設をつくったけれども、うまく稼働しない、経済的に立ちゆかないなどという声はささやかれてきた。

序章 ■ 地域力とバイオマス利活用──成功と失敗に学ぶ

■図1　バイオマスタウンが抱える問題

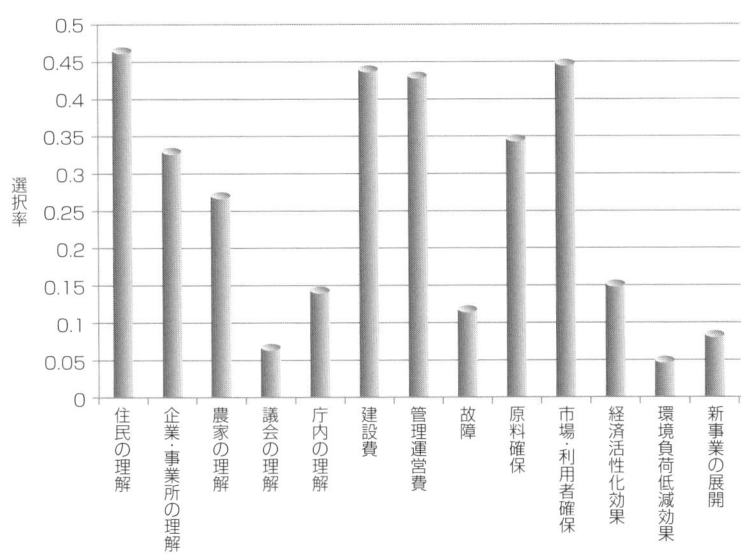

出所：2012年8月にバイオマスタウン構想策定自治体に対して実施したアンケート調査

　一方で、本当にほとんどの施設はその目的を達していないのだろうか。後に見るように、様々な成果をあげている事例も少なくない。いったいバイオマス利活用事業は、地域でどんなことを目的にどんなふうに取り組まれているのだろうか。地域での実際の様子があまりよく知られていないように思う。

　バイオマスは、自然エネルギーの主要な柱として、利活用の実績は世界的には十分であり、地域活性化効果も大いに期待できる。諸外国を歩いて、バイオマスがそれほど難しい自然エネルギーであるという印象はない。先進国でも途上国でも身近で相対的に廉価なバイオマスエネルギーがどんどん利用されている。地域の人々が自分たちにふさわしいシステムをつくり、自分たちで管理している場合も少なくない。

　バイオマスタウンが抱える問題は大きく4つに分かれる。①住民の理解の問題、②市場・利用者の確保の問題、③建設費と管理運営費という転換施設の経費の問題、④原料の確保（収集）の問題である（図1）。

　バイオマス利活用事業は、地域における原料の収集、転換、生成物の利

用・消費が全体としてうまくいった時に事業性が担保される。収集→転換→利用を単一の事業体がすべて行うことはありえず、行政、企業、農家、住民が関わり合い、それぞれに自主的で主体的な行動が持続的に行われる中で、全体として事業性が成り立つ。地域におけるバイオマス資源も、それを活用する仕組みをつくり動かす人的資源なくしてはただの潜在的賦存量にすぎない。人的資源も、能力を持った人がそこにいるというだけでは死んだ資源と同じである。人々が互いを信頼し、やる気になって自ら知恵を出し行動する時、生きた資源になる。地域のバイオマス資源賦存量とお金をかけて導入する設備だけで、必ずしもバイオマス利活用事業がうまくいくとは限らない。人々の互いの関係性の中で生み出されていく地域の力が大事である。

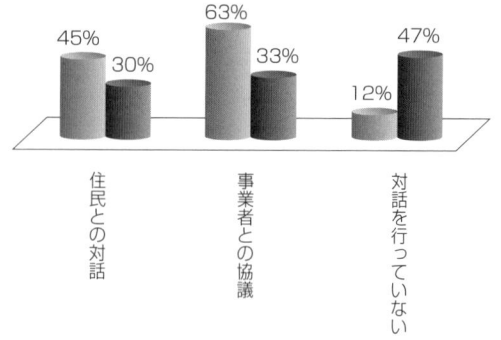

■図2　地域の関係者との対話

■ バイオマスタウン構想策定地区　■ 策定準備中・策定していない地区

出所：2010年10月に全国1750自治体（全市町村及び東京23区）に対して実施したアンケート調査

　だからこそバイオマスタウンでは、自治体は、地域の住民や事業者と向き合い対話を繰り返す（図2）。バイオマス利活用事業は、用地を造成し、外の資本を呼び込んで地域発展を図るという聞きなれた地域開発の方法とは全く異なる。また、地域の空き地に発電施設を設置するような方法とも違う。バイオマス利活用事業は、行政と住民と事業者が互いに正面から向き合い、地域における有機性資源をどう活かしていけるか、バイオマスを通して互いがどのように変われるか、町が変わるのかを話し合うところから出発する。この意味で、バイオマス利活用事業とは、地域が地域に真正面から向き合う地域づくりそのものである。

　地域力は、地域の問題を地域の人々が解決する力のことで、地域への関心・関わり、地域資源の蓄積、地域の自治として提起された[1]。その後多くの

自治体で、地域力で地域づくりをするプロジェクトが動き出し、研究も蓄積されてきている。地域力の捉え方は様々である。地域が抱える問題が様々であれば、それだけ求められる解決力も異なるであろう。私たちは、地域力を、人々が相互にエンパワーメントしながら地域の問題を解決していく力と大きく捉えて、バイオマス利活用事業をめぐる地域の問題の具体的な諸相の中で、地域力を問い直したい。

　もちろん地域力を一般的に高めることがそのまま事業性の問題解決になるわけではない。バイオマス利活用の仕方は、バイオマスの種類によって異なり、それぞれに事業性を生み出す仕組みが異なる。バイオマス利活用事業の中で問われる地域力とは、地域のバイオマス資源と人的資源を踏まえて、どのような地域像を求めて、どのように具体的にバイオマス利活用事業を実施するかという実際的な問題解決能力なのである。

3 本書の課題

　われわれが実施した別の調査では、バイオマス利活用事業の進捗状況について、ほぼ半数が順調と答え、ほぼ半数が問題を抱えていると答えていた（図3）。

　問題を解決して事業を発展させていっているところもあるし、問題を解決できないで苦しんでいるところもある。このことは、バイオマス利活用事業自体に問題があるというよりは、地域のやり方次第であることを示唆しているのではないだろうか。地域を調査することによって、そこにどのような問題があり、順調な地域はどのように問題を乗り越えたかを明らかにすることができれば、バイオマス利活用事業に取り組んでいる地域を応援することができるだろう。

　私たちは、バイオマス利活用事業の事業性・経済性のネックとなっている問題は何だろうか、それらを解決する地域力は何だろうか、地域力によって

1）宮西悠司「まちづくりは地域力を高めること」『都市計画』143号、1986年

バイオマス利活用事業の地域活性化効果はどのように大きくなるのだろうか、地域力はどのようにしたら得ることができるのだろうか、そうした問いを立て、環境省の研究費をいただいて3年間、全国の事例を実地調査し、数度のアンケート調査を行った。そのプロセスは私たち自身にとって、出会いと学びのプロセスだったように思う。私たちは、非常に素晴らしいバイオマス事業や地域づくり、それに取り組む魅力的な人々に数多く出会うことができた。

大企業が行うバイオマス利活用事業に比べて、自治体や地域の企業・住民・農家などが協働してつくり上げていく地域のバイオマス利活用事業は、特有の困難さがある。一方で、地域の自然資源や人的資源との関係が深い分、様々な地域効果を生み出すことができる。

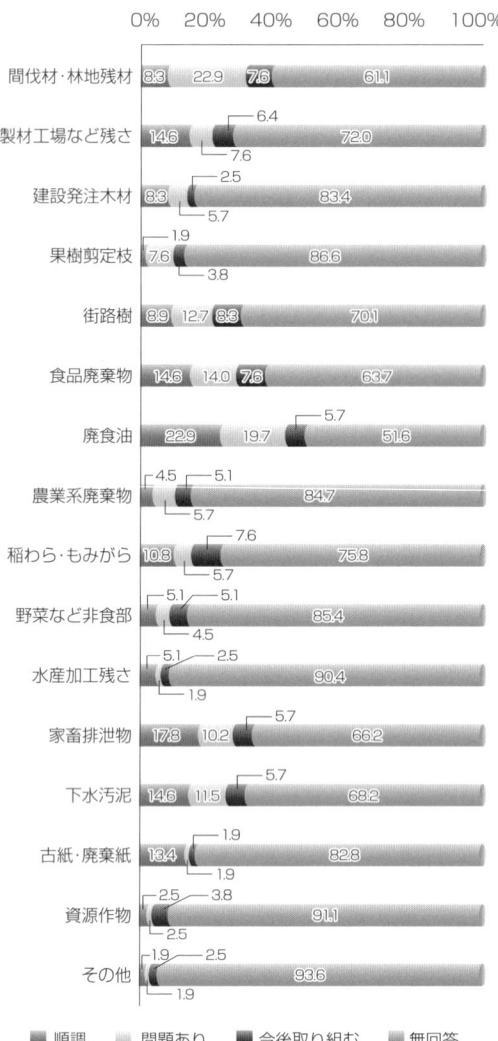

図3 バイオマスの種類ごとの進捗状況

出所：2012年8月に全国バイオマスタウンに対して実施したアンケート調査

これまで地域の中で知恵を絞り頑張ってきたバイオマス利活用事業の取り組みが広く共有できれば、困難は少なくなり、実りは大きくなるのではない

だろうか。

　本書は次のような構成となっている。

　第1章では、地域におけるバイオマス利活用事業の仕組みと課題について、バイオマス資源の種類ごとに解説する。

　第2章では、地域でのバイオマス利活用事業システムの設計において、事業経済性の観点でどのようなことが重要かを解説する。事業目的の設定に合わせた事業性評価のあり方も示したい。

　第3章では、バイオマスシステムの事業性を左右する要因について述べる。

　第4章は、バイオマス事業の地域社会への波及効果について述べる。地域の取り組み方で波及効果が違ってくることが示される。

　第5章では、バイオマス利活用事業全国調査結果を踏まえて、成果に結びつく地域力について解説する。

　巻末の資料では、アンケート調査の結果を地域カルテとして、バイオマスによる地域づくりの例を紹介する。

　またバイオマスによる地域づくりには、地域の人材力がものを言う。各地のキーパーソンにお願いして、バイオマスによる地域づくりについて語っていただいたものをコラムとして掲載している。いずれも現場をくぐり抜けた者にしか語れない知見があふれている。

　本書は、バイオマスが抱える問題を解決する正解を提供するものではない。私たちが行ったのは、問題に直面して苦しんだ事例や乗り越えた事例、さらに解決に向けて取り組む事例に分析を加えることである。本書は、私たちの分析のエッセンスと乗り越えた事例を中心に組んである。現場に横たわる矛盾や対立は、そのまま受け入れた。間口を広げて、柔軟なスタンスで粘り強く考え抜くこと、多面的な評価軸で物事を捉えることが、事態を前に進めるように思うからである。地域に住み続けたい、地域を良くしたいと願う人々には、そのしたたかな力があると信じたい。本書が、地域から学び、地域とともに育つ本であることを願う。

第1章 事例に見るバイオマス利用の実際

1 バイオマスの種類と資源化の状況

　バイオマス利活用事業の対象とされるのは、有機性の廃棄物、未利用材、エネルギー作物などである。それらの発生量と利用の状況を示すものが、図1である。利活用の状況は対象バイオマスによって大きな差がある。バイオマスは、種類が多くあり、それによって利活用の方法が異なり、課題もまた異なる。本書では、わが国の現状で大きく利用が進んでいるバイオマスについて取り上げるのではなく、利活用の推進に課題を有していると思われるバイオマスに絞って、それらの問題を解決していくための方法を考えたい。
　本書で主に取り上げるバイオマス利活用事業は、生ごみバイオマス、家畜

■図1　バイオマスの発生量と利活用の現状

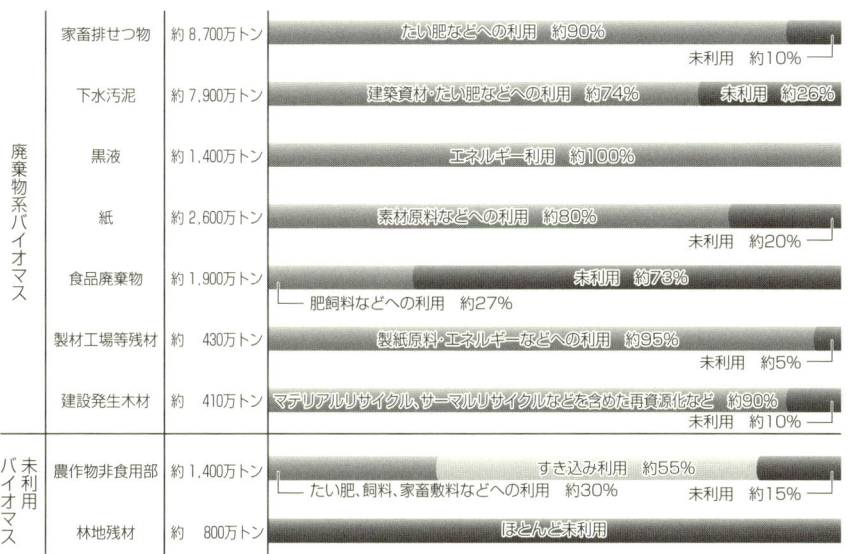

出所：バイオマス利活用推進会議事務局調べ（2010年5月現在）

ふん尿バイオマス、木質バイオマスである。現状として、家畜ふん尿を除いて、利用が進んでいない。このことは、バイオマス利用を進める潜在的可能性量が大きいことを意味するとともに、バイオマス利用が進んでこなかった何らかの問題を有していることを意味する。家畜ふん尿バイオマスについては、家畜排せつ物法によって、一定規模以上の畜産農家には資源化が義務づけられていることもあって利用は進んでいるのだが、後述するように、施設の経済性、小規模農家の適正な資源化状況、堆肥の販売などに課題を有している。

本章では、生ごみバイオマス、木質バイオマス、家畜ふん尿バイオマスについて、地域における資源化の流れと、そこにおける基本的な課題について、事例をもとに解説したい。

2 家庭系生ごみバイオマスの利活用——大木町

生ごみは、廃棄物処理法と食品リサイクル法によって、発生源の主体ごとに、処理責任主体、資源化の義務の程度、資源化状況が異なってくる。食品加工業から排出される生ごみは、廃掃法上で産業廃棄物という扱いであり、処理責任主体は排出事業者となる。飲食店や販売店から出る生ごみは、事業所系の生ごみという扱いで、家庭系生ごみとともに、一般廃棄物として自治体が処理責任を負う。

食品リサイクル法では、資源化の責任主体は排出事業者となっている。ごみ処理の責任者と資源化の責任者が同一である産廃系の生ごみでは90％近くが資源化されているが、一般廃棄物系になると資源化率が下がってきて、飲食店では20％を切る。資源化されずに自治体が行うごみ処理に流れていく生ごみが多い。

家庭系生ごみの場合、ごみ処理も資源化も、自治体の仕事となる。自治体は、家庭系生ごみの資源化について食品リサイクル法などによる法的な責任を負っていないけれども、循環型社会形成の観点から資源化に取り組んでいる。家庭系生ごみの資源化率は全国平均で５％で、極めて低い。最大の問題

食品リサイクル法とは？

　食品リサイクル法は、食品廃棄物のリサイクルを促進する法律で、食品廃棄物などの発生量が100ｔ以上の事業者は毎年度、主務大臣に、食品廃棄物などの発生量や食品循環資源の再生利用などの状況を報告する義務を負う。取り組みが不十分な場合には企業名の公表や立入検査を受ける可能性もある。再生利用などの優先順位は、①発生抑制、②再生利用、③熱回収、④減量である（減量とは脱水・乾燥などによる）。再生利用法としては、飼料や肥料、油脂や油脂製品、メタン、炭化製品（燃料及び還元剤としての利用）、エタノール原料としての再生利用がある。飼料化は、飼料自給率の向上に寄与するため、優先的に選択することが重要とされる。

　課題としては、食品廃棄物などの発生量100ｔ以下の中小事業者には報告義務がなく、また事業所単位での廃棄物発生量が少ないためコスト高になること、通気系廃棄物は水分含有量が多く、腐敗・変質しやすいために減量化が行われていることから、再資源化が行われにくいことが挙げられる。

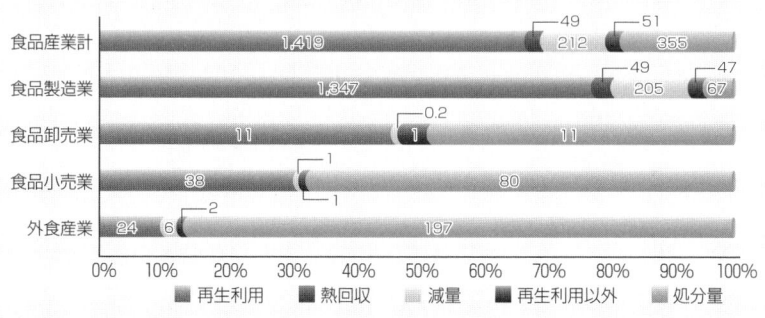

出所：農林水産省ＨＰ「食品ロス削減の取組」より

は、家庭から生ごみを回収することである。志を持っていてもなかなか取り組めない自治体が多い中、成果をあげている自治体も少なくない。

生ごみ資源化の基本的なプロセス
　生ごみバイオマスの資源化の基本的なプロセスは図２の通りである。
　家庭や事業所から生ごみを分別収集し、資源化施設でメタンガスや肥料に

■図2　生ごみバイオマスの資源化プロセス

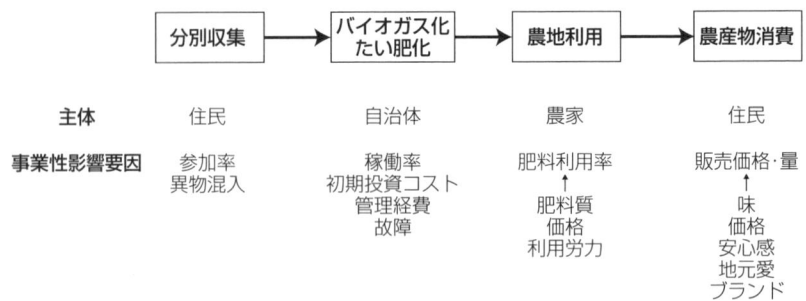

転換する。メタンガスは、燃焼させて発電をする場合と燃料として用いる場合があり、前者の場合でも余熱が給湯などに利用される（ただし熱の利用効率に問題がある場合もある）。生産された液肥や堆肥を農家に利用してもらい、最後にそれらを施肥した農産物を消費者が買うことで、地域の循環は完結する。この生ごみの分別回収→転換施設→堆肥・液肥の利用→農作物消費の4つのプロセスにおける住民→自治体→農家→住民と異なる主体の行動が全体の資源化システムの事業経済性を左右する。

　工夫をして成果をあげた大木町の事例で、地域力に着目しながら、4つのプロセスについて見てみよう。

　福岡県三潴郡大木町は人口が約1万4,500人で、福岡県の南西部に位置している。九州の穀倉地帯である筑後平野の中央にあり、米、いぐさ、アスパラガス、キノコなどを特産とする農業を主要な産業として発展してきた。かつて湿地だった大木町は、生活や農業の用地を確保するため、土を盛り上げて掘割（クリーク）という水路を作り、用水として使っていた。そのため、現在も町の中には掘割が縦横に走っており、町の面積の約14％を占める。

　大木町では、町の主要な産業である農業の発展とごみ処理の負担軽減のため、平成13年から家庭系生ごみのメタン発酵処理を始めている。生ごみのメタン発酵処理を持続可能かつ地域活性につながるようにするためには、「生ごみの分別収集」「農家の液肥利用」「作物購買」の3つの協力行動が必要である。町は、循環事業の事業性に大きく影響する3種類の協力行動を住民や

農家から引き出すことに成功した。

生ごみの分別・収集
　生ごみのメタン発酵において、もし住民協力が低ければ、生ごみ重量あたりの実質収集費用が高くなるほか、異物混入量の増加により中間処理やプラントの稼働に不具合が生じるため、多くの住民が収集に協力し、かつ確実に異物を除去することが重要である。

　大木町では町民の約9割が生ごみの分別収集に協力している。この数字は、筆者が以前実施した実態調査で平均が6割であったことを考えると、非常に高い。

　分別収集に協力しやすくなるよう収集の仕組みに工夫をした。山形県長井市のレインボープランを見ならった水切りバケツによる回収方法、近くで出しやすく顔も見える10軒に1カ所という回収ポイントの設定、頑張った地域が報われる仕組み（報償制度）などである。

農家の液肥利用
　収集された生ごみは、し尿、浄化槽汚泥とともにバイオガスプラント「くるるん」の発酵槽に投入され、メタン菌によって有機物を分解されることで、バイオガス（メタンガス約60％、二酸化炭素約40％）と消化液（液肥）を生成する。生ごみのメタン発酵において地域循環を成り立たせるためには、それらの利用先を確保することが必要不可欠である。「くるるん」から出た液肥は「くるっ肥」と名づけられ、町内の農家を中心に使われ、現在では需要の方が大きい状態となっている。

　町内の農家は、「くるっ肥」を無料で利用することができ、町が保有する散布車により1,000円／aで田んぼに直接散布してもらうことができる。さらに液肥への信頼を高めるために、大学と提携して液肥の分析と栽培実験を行うとともに肥料登録をした。多くの農家は化学肥料と農薬に頼った在来農業に馴染んできたので、町は農家有志とともに、液肥と減農薬の特別栽培米をつくるためのノウハウも提供した。

ちなみに施設でつくられるバイオガス（メタンガス）については、ガスエンジンなどで燃料として利用し、電気や熱をつくっている。電気は、レストランや直売所のある「道の駅おおき」やバイオガスプラントのある「大木循環センター」などで利用され、施設内の電力の約7割を賄っている。熱は、生ごみ収集で使用したポリバケツを洗浄する温水などに利用されている。

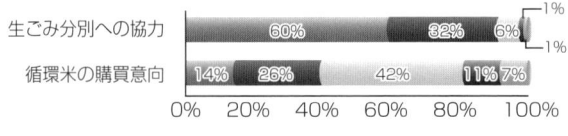

■図3　住民の循環行動

■非常に　■まあまあ　どちらでもない　■あまり　■まったく

出所：2010年に実施した大木町民へのアンケート調査

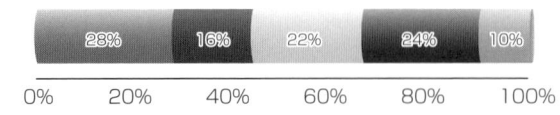

■図4　農家の液肥利用意向

■現在利用　■使いたい　今後検討する　■予定はない　■わからない

出所：2010年に実施した大木町民へのアンケート調査

作物の販売（購買）

大木町では、生ごみのメタン発酵による液肥を利用して特別栽培米「環のめぐみ」という地域ブランド米をつくっている。おいしいと評判で販売は順調である。町は地産地消を推進しており、町民は3割引で購入することができ、「住民が分別した生ごみが、安全でおいしいお米になって帰ってくる」（大木町HP）という地域循環が達成されている。学校給食への利用は、地産地消の一環であるとともに、おいしいという評判の確立に役立った。様々なイベントで町民に食べてもらえる機会もつくった。都市農村間交流事業を積極的に行い、キノコやイチゴなどの特産品とともに「環のめぐみ」や菜の花油「環の香り」のファンを広げていった。

こうした効果的な取り組みを支えたのは、次のような事柄であった。
①生ごみ循環が「まちづくり」の中心にあること。クリークの田園という自然の中で育まれた共生と循環の生活文化を掘り起こし、その発展的な延長

線上に新しい生ごみ循環システムを立ち上げた。さらに、資源化施設はごみ処理・し尿処理場であるが、町の真ん中に建設し、交流拠点とした。こうして資源化施設は嫌われ者の迷惑施設から、町のアイデンティティを担うポジティブな求心的存在に転換した。
②住民参加の促進とキーパーソンとの連携。大木町は住民参加の推進を町政の柱に掲げている。町は、町内会を含め様々なチャンネルで住民に「循環のまちづくり」の個別の政策づくりに参画してもらっている。大木町にはいろんなキーパーソンがいる。彼らは、もともとキーパーソンだった人もいるが、循環のまちづくりの取り組みの中で行政との信頼を育みキーパーソンになった人もいる。
③時間をかけてつくり上げた、身の丈に合った計画。大木町の転換施設のコストパフォーマンスは優れている。大木町が転換施設をつくるまでには10年かかっている。大学や住民たちと実証実験を行うなど、時間をかけて計画をつくっていった。分別収集の仕組みも、時間をかけた住民参加の議論、住民とともに行った視察、実証実験の中でつくられていった。
④職員の創意と技術を育む庁内体制。大木町では循環のまちづくりを進める職員のキーパーソンは3年で交代しない。3年で交代したら、職員は専門的な技術的知識を蓄積できず素人と同じになってしまう。さらに町内の農家や住民たちと築いた信頼関係も後退してしまう。これでは肝心の職員からキーパーソンが出てこない。さらに大木町は町内の風通しがよく、ボトムアップで町長に提案をしやすい。職員の創意と工夫が活かされる時、職員のやる気も高まる。大木町は住民参加型のコミュニケーションだけでなく、庁内の参加型コミュニケーションも活発なのである。

3 事業系生ごみバイオマスの利活用——エコフィード

事業系食品廃棄物の飼料化について

現在、事業系の食品廃棄物の利用飼料（エコフィード）が注目されている。事業系の食品廃棄物は、堆肥化や飼料化といった形で有効に利用され、それ

それ農産品、畜産品の生産に利用されるリサイクルの輪が形成される。また、このような肥料や飼料は、有機肥料、国産飼料といった形で自然食品、健康食品の流れにも乗るわけである。

　事業系の食品廃棄物の中でも、食品工場からのものは、現在、再生利用率が95％となっている。食品工場からの食品残さは、ふすま、米ぬかなど昔から飼料として使われてきたものも多い。これに対し、食品小売（スーパーなど）、外食（レストランなど）などから出る食品残さの利用率は非常に低く、食品小売が37％、外食が17％である。これらは市町村が一般廃棄物として収集焼却しているため、利用率が低い。これらの食品廃棄物の利用は、地域でのリサイクルの輪をつくることにより拡大していくことができる。ここでは、関東の小田急フーズの地域的な利用の輪と、福岡市の地域的な利用の輪について紹介し、どのような形での利用が可能であるかヒントを見つけたい。なお、食品廃棄物のうち食品製造工場で出されるものの多くは、製造所自らが堆肥化・飼料化したり、畜産事業者自身が飼料化したりする事例も多い。これらの事例を見たい方は有機質資源再生センター、中央畜産会のウェブサイトで閲覧することができる。

　食品廃棄物は、食品リサイクル法で飼料化を優先的に行うこととされている。飼料化は、最も付加価値の高い利用法であり、そもそも食品の廃棄物であるので再び食べ物である飼料にすることは望ましい。加えて、日本の畜産業が抱えている大きな問題にも関係している。畜産の飼料の8割は濃厚飼料であり、そのうち9割は輸入である。すなわち、日本の食糧自給率を下げている大きな原因の一つが飼料の輸入である。特に近年は生産地（アメリカなど）での天候不順から配合飼料の価格が高騰しており、食品リサイクルによって製造される飼料（平均で25円/kg）の2倍（重量比）の値段になっている。このような飼料の国産化を進めるという目的にも食品リサイクルの飼料化は合致する。2009年に全国の養豚業者に対して行われたリサイクル飼料の調査でも継続希望者が67％、拡大希望者が29％、新たに使用を始めたい者が16％と、利用者からも大きな期待が集まっている。

小田急フーズの取り組み

　小田急グループは、2000年から小田急沿線の食品工場、商業施設で出る食品廃棄物のリサイクルについての調査を開始した。これは2001年に食品リサイクル法ができたことも大きい。現在は、専用の飼料化工場（小田急フードエコロジーセンター）において、39ｔの食品残さを処理し、飼料化を行っている。これらの飼料は、近隣の畜産農家で使用され、それで生産される豚は、「優とん」のブランド名で小田急グループで販売される。この過程で、従来の配合飼料の豚よりおいしい豚の生産が可能であることがわかった。

　現在は、小田急グループだけでなく、小田急沿線の多くの食品排出事業所（小田急関連36事業所に加えて小田急以外120事業所の食品残さ）からの廃棄物を受け入れ、飼料化を行っている。また、沿線の高校の農業科やレストランなどを巻き込んで連携事業も行っている。

　このように順調に進んでいるように見える小田急グループの食品飼料化で

■図5　小田急グループのエコフィード

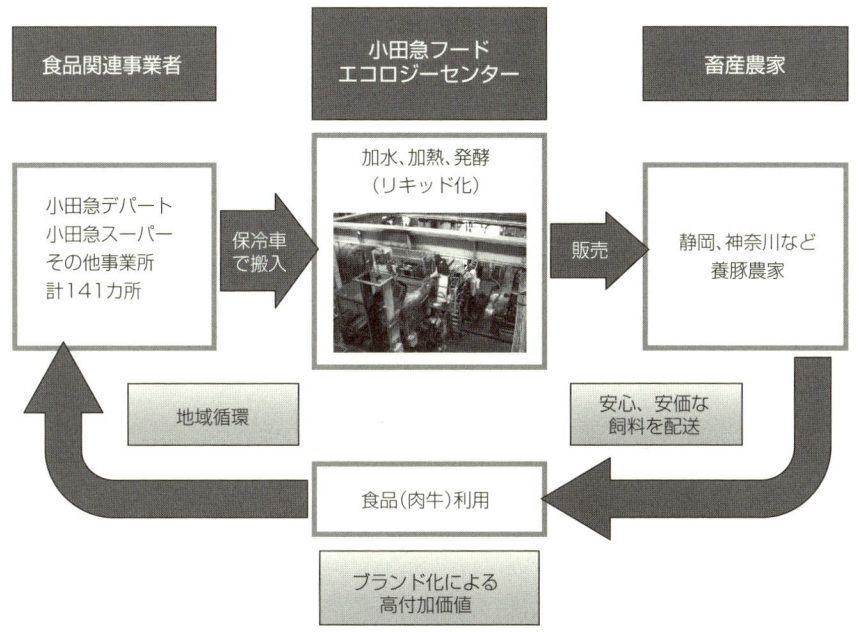

あるが、この事業のために、様々な工夫もなされている。まず、多様な事業者から集められる食品廃棄物を飼料化するには、その品質の確保が重要となってくる。また、本事業は小田急グループの環境活動として始まったものであり、地域を活性化させながら継続的な事業にしていく工夫も必要である。そのため高橋巧一さんという獣医師の資格を持つ専門家が中心となって事業を進めたことがいい展開を生み出すことにつながっている。また、センターが行っている、原材料の情報の公開や定期検査、飼料導入のサポートといったきめ細かい対策も、より多くの参加者を得るための有効なステップになったと思われる。

福岡市の取り組み

福岡市は、ごみの減量化に取り組んでいる。計画では、2009年に58万tの収集ごみを、2025年には47万tに減らす計画である。福岡市の収集ごみのうち、事業系は41％、家庭から出るごみは44％である。また、収集ごみ全体の3割が厨芥類、すなわち食品ごみである。したがって、ごみの減量化のためには、この食品ごみの減量化が極めて重要となってくる。福岡市は2011年に有識者を集め、検討会「事業系ごみの資源化推進検討委員会」において対策を取りまとめた。

食品リサイクルが進まない理由の大きな原因として、自治体の焼却受け入れ手数料が低く抑えられていることが指摘されている。食品廃棄物を排出する事業者の多くが中小企業である。このような事業者にとって、自治体が安い手数料で焼却を行うため廃棄がしやすく、これが食品リサイクルの障害となっている。しかも、自治体の手数料は実際のコストを大幅に下回る料金に設定されているため、この差額は税金で補てんされている。例えば福岡市は、焼却コストは18円/kgであるが、事業者の持ち込み手数料は14円/kgに設定され、さらに中小企業は、その半額の7円/kgに設定されている。他の市町村ではもっと安い料金に設定されているところも多い。

福岡市はまずこの中小企業向けの半額料金を撤廃することを2015年までに段階的に実施することを決めた。さらにその後、実際の焼却コストである18

円/kgまで引き上げる計画である。この焼却コストを税金で補てんしてリサイクルを妨げている現行の制度は問題が多い。福岡市は、まず、焼却コストがいくらかかっているか、詳細なデータを公開し、次に、焼却コストまで手数料を引き上げる、さらに、それに伴って入る収入をリサイクル事業の推進のために充当するというリサイクル促進政策を打ち出している。

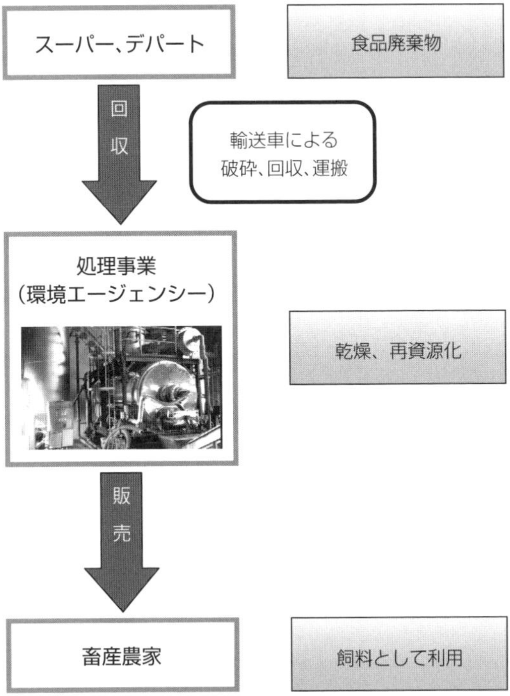

福岡市の取り組みは、このような価格メカニズムの適正化に加えて、事業者の連携を推進している。自治体の収集ごみのうち、事業系のごみが半分近くを占めているが、このうち3割が食品系である。しかし、それらは食品小売や外食系から出るごみであり、そのごみを収集処理してさらに畜産業者に利用してもらうには、この3者の連携が必要となってくる。福岡市は、「福岡市事業系食品循環資源リサイクル研究会」を設置して検討するとともに、事業系食品リサイクルの促進のため、食品リサイクル法に基づく再生利用事業計画（リサイクルループ）の活用を積極的に進めている。2010年には、レストラン「ロイヤルホスト」の店舗から出る食品残さを鳥栖環境開発総合センターが肥料化し、トワード（株）が野菜生産に利用するという地域ループをつくっている。また、西鉄グループで出た食品残さを環境エージェンシーが飼料化し、九州の畜産農家で飼料として使うというループもつくられている。この中には福岡市の学校給食の

■図6　環境エージェンシーによる食品残渣の飼料化

残さの飼料化も含まれている。このような自治体との連携や、事業者が地域の一員として他の事業者との連携をいかに図っていくかが成功の鍵といえるだろう。

エコフィードの推進のために

　小田急グループや福岡市の取り組みは先進的なものであるが、これ以外にも、地域の事業者と自治体が連携して進めている食品リサイクルは多い。この場合、食品リサイクルが廃掃法の適用を受けることから既存の廃棄物処理事業者との連携が有効である。例えば、福岡県大野城市では、学校給食の残さなどを活用した飼料化が御笠環境サービスによって行われている。兵庫県加西市では、自治体主導で食品リサイクルが進められ、エコフィード循環事業協同組合によって飼料化が行われ、それを利用した畜産製品が「雪姫ポーク」のブランド名で販売されている。このように、地域における食品事業者、処理事業者、飼料販売事業者、畜産事業者がうまく連携をとってビジネスモデルを構築していくことが重要で、広域的な一般廃棄物の許可が不要となる再生利用事業計画や再生利用専用の収集許可など既存の制度をうまく利用しながら自治体の支援を得ていくことが、事業の成功要因となっていると思われる。

4 木質バイオマスの利活用

　木質バイオマスには、森林のバイオマスの他、製材工場の残材や建築時の廃材が含まれる。製材残材や建設廃材は産業廃棄物であり、逆有償、すなわち処理処分費用が必要なバイオマスである。一方、森林バイオマスは立木購入費用、伐採費用、搬出費用が必要であり、かなり高価なバイオマスである。さらに、製材残材の大部分（乾燥後のもの）や建設廃材は含水率が低く、燃料・エネルギーとして利用しやすい状態であるのに対して、森林バイオマスは含水率が高く（半分以上が水分）、燃料・エネルギーとして利用しにくいものである。一口に木質バイオマスといっても、全く異なったものであるの

で、その利用に際しては注意が必要である。

　製材残材や建設廃材の利用は、これまで処理処分を行っていたものを有効利用するという発想であり、新しい事業創出にも結び付く。比較的利用しやすいバイオマスであるといえよう。

　一方、森林バイオマスの利用の場合、それは林業と密接に結び付く。近年、日本の林業は、材価の低迷などを原因として生産量が減少、自給率も大きく落ち込んでいる。これに対して林野庁は、2009年12月に「森林・林業再生プラン」を公表し、さらに、森林・林業再生プランの法制面での具体化のため2011年4月に森林法の一部を改正した。「森林・林業再生プラン」では、路網整備、集約化、安定供給、日本型フォレスター制度などが謳われている。このような背景から、木質バイオマス、特に森林バイオマスのエネルギー利用が林業再生に結びつくものと期待する向きは多い。しかしながら、森林バイオマスのエネルギー利用はあくまでも手段であり、目標に向けた総合的な取り組み、政策が必要である。

　ここでは、製材残材の利用を中心に新しい事業創出を行っている真庭市の事例、FSC森林認証により森林の価値を高める一環として森林バイオマスを利用している檮原町（ゆすはら）の事例、地産地消による需要をつくり出した下川町の事例、「森林・林業再生プラン」で謳われている新生産システムに取り組んでいる宍粟市（しそう）の事例を取り上げた。

バイオマスタウン真庭

　木質バイオマス、特に森林のバイオマスは、量も多く、その有効利用が期待されている一方で、伐採費用や山から利用する場所までの運搬費用が高く、なかなか利用が進まないのが現状である。その一方で、製材工場での残材や建物の建築時の廃材などは、そのままでは産業廃棄物となり、処分が必要となるため、有効利用の取り組みが進んでいる。特に製材工場ではまとまった量の残材が常に出てくることから、とても利用しやすい木質バイオマスといえる。

　いきなり森林バイオマスの利用から手掛けるのは、周りに関連事業がない

27

ことや経済性の観点からもかなりハードルが高いことになる。まず利用しやすい木質バイオマスから始め、森林バイオマスの利用に拡大してきた例として、真庭市の事例を紹介する。

■真庭市について

バイオマスタウン真庭は木質バイオマスの有効利用に成功している事例の一つとして有名である。真庭市は、岡山県の北中部から北西部にかけて位置し、面積828km²、人口は4万7,878人（2012年7月）、北部は蒜山高原、津黒高原が広がり、中部は湯原

写真1：エコ発電が始まった銘建工業（株）

温泉、南部は市街地になっている。古くから木材の集散地であったこの地域では、森林面積が市全体の8割となる6万5,778ha あり、人口林率は61％で、うちヒノキ（「美作桧」ブランド）が約70％となっている。真庭市は約30社の製材所、3カ所の原木市場、1カ所の製品市場を有しており、地域内の製材産業の維持・発展に対して地域一体となって取り組んできた歴史がある。真庭市内で伐採される原木は年間10万m³であり、製材所で仕入れる原木量はその倍の20万m³、そして製材品出荷量は約12万m³となっている。このように真庭市は市内の木材資源だけでなく近隣の木材資源の集積地でもあり、活発な製材業を有しているため、木質バイオマスを利用していく優れた素地を有していた。

■地域一体による木質バイオマスの活用

しかし、真庭市でいきなりバイオマスタウンとしての様々な事業が始まったわけではなく、それらの事業が一体となって開始されるまで約20年の歴史がある。1993年に地域の若手リーダー（経営者）が集まり、「21世紀の真庭

塾」を立ち上げた。その前年の1992年に中国横断自動車道が開通し、流通の変化に危機感を抱いた若手リーダーが集まったものである。地域の活性化を目指して、真庭塾で様々な勉強会、話し合いが行われた。キーパーソンの人材育成と捉えることができよう。

写真2：木片コンクリートの製品

　真庭塾の発足から5年後の1998年に製材工場の残材を利用したエコ発電が始まった。最初に書いたように、製材工場の残材はとても利用しやすい木質バイオマスである。乾燥後の木材から出る残材は、水分も少なくエネルギーとして利用するのに適している。そのままでは産業廃棄物となるので、経済的にも有利になる。

　真庭塾の中にはゼロエミッション部会と町並み再生部会があり、ゼロエミッション部会の一部に製材業者が参加してマーケティング研究会が発足した。このマーケティング研究会に自治体や財団法人が参加して木質資源産業化検討会（2001年）に、さらに大学や研究機関、企業が参加して資源循環型事業連携協議会（2002年）に、自治体や森林組合・関連企業が参加してプラットフォームまにわ（2003年）にと、だんだんと発展してきた。連携・協業の広がりといえる。また、その背景には地域一体となって取り組む風土があった。

　その間に、木片コンクリートや猫砂（木質ペレット）が商品化されてきた。また2004年に真庭バイオエネルギー（株）と真庭バイオマテリアル（有）が設立され、製材残材を利用した燃料用のペレット製造・販売が始まった。これらの活動は企業が中心となって進められており、国などからの補助金を活用しながら、採算性（経済性）を重視した取り組みとなっている。

　2005年に町村合併により真庭市が誕生した。木質バイオマスを利活用する

写真3:真庭バイオマス集積基地

写真4:市役所の入口ロータリーの屋根は地元産のヒノキで作られており、需要拡大の一助となった

写真5:市役所では木質チップボイラも導入している

という方向に大きな変化はなく、2006年に真庭市バイオマスタウン構想を発表するとともに、観光事業としてバイオマスツアーが開始された。

■森林バイオマスへの利用拡大

　ここまでは、利用しやすい製材残材の利用である。2008年には、真庭バイオマス集積基地が建設され、製材残材だけでなく、森林での未利用木材（C級材と呼ばれる木材や林地残材など）の利用が始まった。真庭バイオマス集積基地は製材所や森林組合を主とした真庭木材事業協同組合が運営している。ここでは製紙用チップや燃料用チップを製造・販売している。また、製材工場の残材の中でも使いにくい樹皮も受け入れて、破砕した後に大規模製材工場のボイラー燃料として利用している。これまで木質バイオマスを扱ってきた下地の存在に加え、これまで

に導入してきた大型ボイラーなどと連携・協業している成果といえよう。

燃料用のペレットやチップの利用についても、給湯温水ボイラー2カ所、園芸ハウスの加温施設（温水・温風）3カ所、冷暖房2カ所、ペレットストーブ100台、薪ストーブ30台が導入されている（2000年調査時）。地産地消による需要の拡大が図られている。

檮原町の町おこし――自然エネルギーを利用して

檮原町では、バイオマスだけでなく複数の自然エネルギーを活かし、住民参加を基本としながら、町おこしの視点から取り組みを行っている。

日本における木質バイオマスや生ごみなどのようなバイオマスの利用、ひいては風力や水力なども含めた自然エネルギーの利用は、地域差はあれ全国の様々な地域で進められている。しかしながら、自然エネルギーの利用の多くは、あくまで木質バイオマスは木質バイオマス、風力は風力のように単体の事業として行われており、他の事業への波及はなかなか見受けられない。もちろん、自然エネルギーの積極的な利用は地球温暖化対策やエネルギー自給などのためによいことであるが、他の事業と組み合わせることで、さらなる地域の発展や活性化などへつなげることができる。

自然エネルギーを単体の事業ではなく、他の事業へ活かしている代表的な例として、坂本龍馬脱藩の道としても有名な、高知県の檮原町を紹介する。

■檮原町について

檮原町は高知県の山奥に位置する総人口約4,000人の山村である。檮原町は標高220m以上の山深い地域にあり、「雲の上の町ゆすはら」とも呼ばれている。また、愛媛県との県境は日本三大カルストにも数えられる四国カルストとなって

写真6：檮原町から望む11月の四国カルスト

写真7：檮原町の風車

おり、草原の中に浸食作用で姿を現した石灰岩が点在している。

檮原町は面積の約90%を森林が占めており、森林資源が非常に豊富である。檮原町の森林は檮原町森林づくり基本条例に基づいて経済的機能や森林生態系の保全などが整備されており、団体としては国内初のFSC（森林管理協議会）による森林認証を取得している。檮原町森林づくり基本条例においては、森林の保全だけではなく林業の基盤整備や林業者の育成についても定めており、町全体で林業の振興を図っている。

また、檮原町は日本三大清流の一つとされる四万十川の源流に位置することから、水資源も非常に豊富な地域となっている。

■森林整備の資金は風力発電から

檮原町は森林の整備に力を入れているが、具体的な施策としては間伐に対する交付金が挙げられる。この交付金は「檮原町水源地域森林整備交付金」と呼ばれ、四万十川源流の水量・水質の確保などを目的として、間伐を行った森林所有者に対して10万円/ha交付される。

森林整備を目的とした市町村による交付金は、日本全国において数多の事例があり、さして目新しい施策ではない。しかしながら、檮原町による交付金は非常に特徴的であり、他に例を見ない珍しいものとなっている。その特徴とは、交付金の資金源として、カルスト台地に設置した風力発電の売電益を充てていることである。

檮原町は1999年12月、四国カルストの標高1,300mの地点に出力600kWのデンマーク製の風車2基を建設し、風力発電を開始した。風車の建設地点は平均風速が約7.2m/sと非常に風況が良く、年間で約350万kWhの発電量が得

られるという。風力発電により得られた電力は全量が電力会社に売電され、その収益の一部が檮原町水源地域森林整備交付金となっている。

■目指すはエネルギーの完全自給

　檮原町では風力発電により森林整備を促進しているが、その森林整備で産出された木材も、一部は木質ペレットなどに加工され、エネルギー源として利用されている。いわば、風力により森林に眠るエネルギーを掘り起こしている状態である。

　また、檮原町では水力や太陽光などの利用も進めている。このように、檮原町は町内にある自然エネルギーを積極的に利用することにより、地域資源の保護やエネルギーの自給率100％を目指して取り組みを進めている。

■住民と一体で進める環境施策

　檮原町では町自体の方針として自然エネルギーの導入を進めているが、実際に事業を進めるに当たっては、住民との意見交換などによる連携を大切にしている。住民が事業と直接関わることにより、地域に対する満足度や愛着が増し、行政への住民参加を促す結果になる。

　檮原町における行政への住民参加は徹底しており、町の基本構想のような根幹部分にも住民の意見が取り入れられている。檮原町はもともと、住民が行政に意見を言いやすい風土であったとされているが、それだけではなく、行政自体が住民から意見を取り入れることができるよう、町長による頻繁な町内の見回りや管理職による行政窓口の対応などを進めている。

自治体による木質バイオマスの積極的な利用――下川町の事例

■町役場の暖房は木材の切れ端で

　森林で伐採された樹木のうち、幹が曲がっているなどの理由で建築用材に適さない木材は、一般的に森林内に残されるか、あるいは燃やされることで熱として利用される。これらの木材は製材工場から排出される木材の切れ端などと併せ、木質バイオマスと呼ばれている。

　木質バイオマスは全国各地で利用が進みつつあり、市町村の庁舎のような自治体の施設による消費も行われている。例えば、北海道の上川地方に位置

写真8：木質バイオマスを燃料とするボイラー

する下川町では、自治体が木質バイオマスをボイラー燃料として積極的に利用しており、町役場や福祉施設における暖房用の熱を賄っている。

下川町の面積は東京23区とほぼ同じ約6万4,000haであり、そのうちの約90%が森林である。森林は約85%が国有林であり、残りが町有林を含む民有林となっている。下川町では広大な森林資源を利用した林業が、基幹産業の一つとなっている。

現在、下川町では年間で化石燃料を約3億円分、電力を約5億円分消費している。化石燃料も電力も下川町外から購入したものである。そのため、木質バイオマスの利用はエネルギーの地産地消としての効果もある。

■灯油の事業者が木質バイオマスを加工

2004年、下川町では町有施設である五味温泉に木質バイオマスを燃料とするボイラーが導入された。このボイラーは下川町の集成材工場から出た切れ端などを燃料として、暖房や給湯に必要となる熱を賄っている。

以前の五味温泉は重油によって暖房や給湯などを行っていたが、現在は木質バイオマスが主要な燃料となっている。また、五味温泉以外でも木質バイオマスの利用が進んでおり、下川町の公共施設が必要とする暖房用などの熱の約4割が木質バイオマスによって賄われている。その結果、下川町における化石燃料の消費量が年間で30〜40万ℓほど削減された。

下川町における木質バイオマスの利用は林業関係者にとって新たな収入源となったが、灯油などの化石燃料を取り扱う事業者にとっては収入に悪影響を及ぼす可能性があった。そのような状況の中、下川町内の灯油販売事業者は新たに組合を立ち上げ、木質バイオマスから燃料を製造する工場の指定管理者となり、新たな事業の展開を始めた。この工場では森林整備における間

第1章■事例に見るバイオマス利用の実際

伐材や風倒木などを原料として燃料を製造しており、その燃料は庁舎や福祉施設などへ熱を供給している地域熱供給システムなどが利用している。

化石燃料に関連する事業者は、地域が燃料種を化石燃料から木質バイオマスへ転換することにより煽りを受ける可能性があるが、下川町の灯油販売事業者のようにうまく流れに乗ることができれば、さらなるビジネスにつながることになる。

■枝葉を原料に精油と枕を製造

木質バイオマスを取り扱う事業者としては他に、下川町森林組合が挙げられる。

写真9：灯油販売事業者が結成した組合による木質バイオマスの加工

写真10：木酢液の利用施設

同組合は間伐などの素材生産の他に、バーベキュー用の炭の製造などの木質バイオマスを利用した事業も行っている。同組合ではもともと、炭の製造は雪害で倒れた樹木の処理として始めた。しかし、現在は製造過程で発生する木酢液と煙を建築用材の防腐処理にも利用しているため、非常に重要な位置づけにある。また、同組合では他にもマツの枝葉を蒸して精油を抽出し、搾りかすを枕の中身として再利用するなどの様々な取り組みが進められている。

■森林資源の活かし方

下川町の取り組みについて、主に木質バイオマスの利用をピックアップしたが、同町では子どもを対象とした森林体験や社会人を対象とした林業体験

のように、様々な方面で森林資源を活用している。木質バイオマスの利用による若者の定着は特にないそうだが、こういった取り組みにより地域外から引っ越してくる人やIターン者、Uターン者などはちらほらといるとのことである。地域資源たる木質バイオマスの利用ももちろん大切であるが、森林資源それ自体を活かしたまちづくりが根本にあるといえよう。

新生産システムと協業の取り組み──宍粟市・兵庫木材センターの事例
■国内林業の課題を共有

　兵庫県の中山間部、特に宍粟(しそう)市や豊岡市では古くから林業が重要な産業であり、現在も大きな森林面積と木材の蓄積量を有している。しかし、近年の外材の輸入量の増加によって国内林業の衰退は著しく、森林の経営に魅力がなくなった結果、放棄された森林が増加している。そのため、山林が荒れるなど本来森林が持っている環境保全、水源涵養などの公益的機能の低下が起こっている。

　そこで兵庫県では、森林の公益的機能の維持・増進と地域の活性化を図るため、林業の活性化を目指し、森林所有者に利益が還元できる新たな県産木材供給システムの構築と拠点施設の整備に取り組んできた。その一つとして、新たな県産木材供給の流れを作るため、森林所有者・素材生産者と工務店・木造住宅施主を、情報の共有、商流・物流の最適化によってつなぐ事業体を想定するビジネスモデルを作成した。そのモデルに従って、県の提案によって林業の盛んな宍粟市に素材生産業者、製材業者、工務店が協同組合「しそうの森の木」を設立、さらに工務店・設計事務所、建材商社、木材供給協同組合、情報通信社などが参加して「ひょうご木の住まい協議会」が設立された。これらの活動によって、素材生産者から工務店まで上流・下流の各事業者が、国内林業の課題について共通の認識を得ることができた。

■兵庫木材センターの設立

　その後、これらの活動を踏まえて、兵庫県や宍粟市の支援のもと、素材生産者と製材業者が直接連携して「協同組合兵庫木材センター」が設立された(2008年4月1日)。同センターは、施業集約化による原木生産コストの低減

と生産力の強化によって安定した素材供給力を確保するとともに、その素材生産力に適合した生産性の高い高速製材システムを導入する。これによって、品質・価格・供給力で外材に対抗できる兵庫県及び隣接地からの木材の供給を可能にし、森林所有者に利益を還元で

写真11：(協)兵庫木材センター

きる持続可能な資源循環型林業を実現するとともに、健全な森林の育成に寄与することを目指している。

　同センターの特長は、以下の通りである。
①原木低コスト安定供給
　　高密度路網を利用した高性能林業機械による高効率・低コストの原木生産体制を構築する。
②製材コストの削減
　　製材機とワンウェイ式送材を組み合わせた製材ラインを用いて高速製材を行い、高い生産性を実現する。
③環境への配慮
　　バイオマスボイラーを導入し、従来廃棄物になっていた樹皮、木屑などを燃料として蒸気を製造する。この蒸気を木材乾燥機の熱源とすることによって、化石燃料の使用量を削減する。
④高品質な製品の生産
　　乾燥機を導入し、安定した乾燥を行うとともに、製品の強度や含水率を測定するなど、加工工程の品質管理を徹底する。
　図7に、(協)兵庫木材センターでの原木の流れと加工工程を示す。
■木質バイオマスの利用拡大
　(協)兵庫木材センターの工場は、宍粟市一宮町の市有地約5 haの敷地に建

■図7 (協)兵庫木材センターにおける原木の流れと加工工程

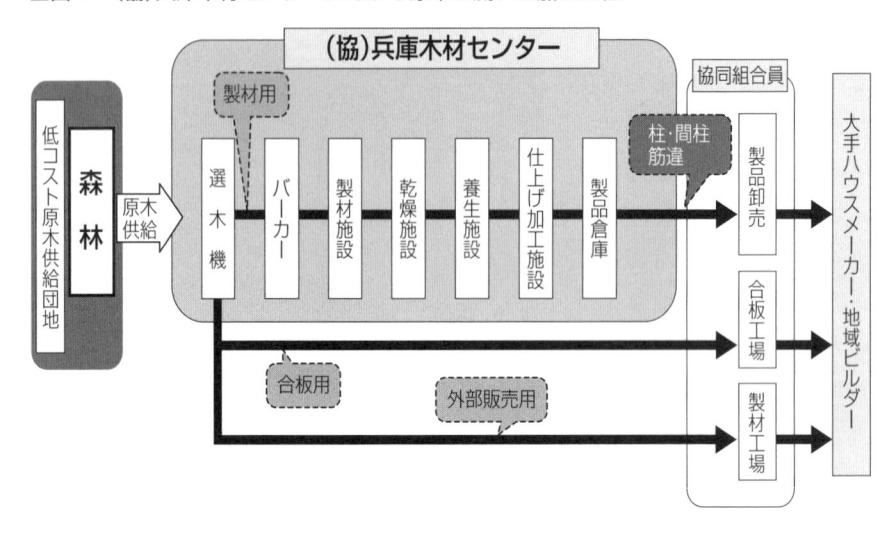

設されており、2013年の年間原木取扱量として12万6,500㎡を目標に、2010年に操業を開始し、順調に取扱量を増やしている。

現在、原木（素材）生産を効率化するとともに、従来未利用材であったC材（端材）を素材とともに搬出し、合板原料や製紙原料として外販することによって利用の道を広げている。

今後、同センターで発生するバーク（樹皮）などのエネルギー利用が軌道に乗り、さらにエネルギー利用システムを拡大することができれば、原木の生産に当たって従来放置され、林地残材となっていたものも、原木（素材）生産とともに搬出することでコスト的にも利用できる可能性がある。また、宍粟市では2002年に「播磨木質バイオマス利用協同組合」が設立され、オガ粉を生産し、オガ炭を製造している（株）

写真12：素材（原木）・端材の搬出の様子

兵庫炭化工業に供給している。(株)兵庫炭化工業は、オガ炭に加えて2012年2月にペレット製造を開始し、宍粟市内の公共温浴施設のペレットボイラー用に供給している。したがって、(協)兵庫木材センターによって、現状で林地残材となっている未利用材が搬出されれば、これらの木質バイオマス利用が大きく促進

写真13：オガ炭

され、資源循環型林業の展開、ひいては資源循環型社会、低炭素社会の構築に寄与するものと考えられる。特に、(協)兵庫木材センターのケースは、素材生産者と製材事業者の直接的な協業による新しい林業モデルとして、今後、全国的にも展開が期待される取り組みである。

■図8　持続的に多面的な機能を発揮する森林に向けて

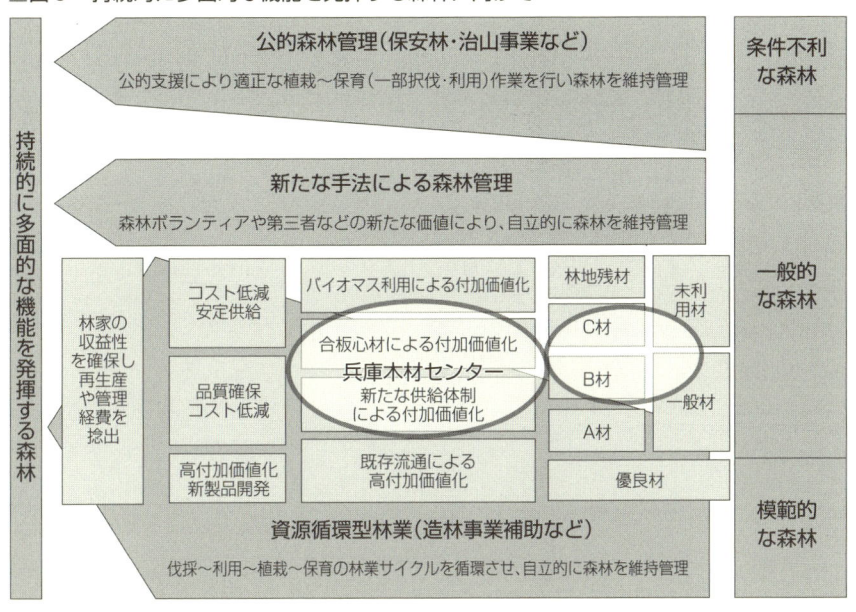

■資源循環型林業への挑戦

　以上述べたように、公共財としての森林を良好に維持するには、持続的に多面的な機能を有する森林を実現する必要があり、そのためには森林所有者に利益が還元できる資源循環型林業の確立が重要である。森林整備とあわせてバイオマス利用を図り、可能な限り未利用材の有効利用につなげていくためにも、(協)兵庫木材センターの取り組みは重要な意味を持つと考えられる。また、公共財としての森林を良好に維持するには、林業当事者の枠組みだけでなく、ボランティアを活用するなど新たな森林管理手法が必要であり、条件が不利な森林には保安林、治山事業などとして公的森林管理が必要と考えられる。そのためには、森林所有者の理解が必要であり、これらの仕組みを構築していくことが行政の重要な役割であろう。その概念を図8にまとめた。

5 家畜ふん尿バイオマスの利活用——都城市

　家畜ふん尿バイオマスは、家畜排せつ物の有効利用を目的とする。家畜排せつ物はバイオマスの中で最も量が多く、全国で8,900万tある（2005年、バイオマス・ニッポン資料）。そのうち、90%は堆肥化などによって利用されている。これは、1999年に制定された家畜排せつ物法によって家畜排せつ物の適正な処理が義務づけられたことが大きく、それ以降堆肥化などの利用が進んだ。

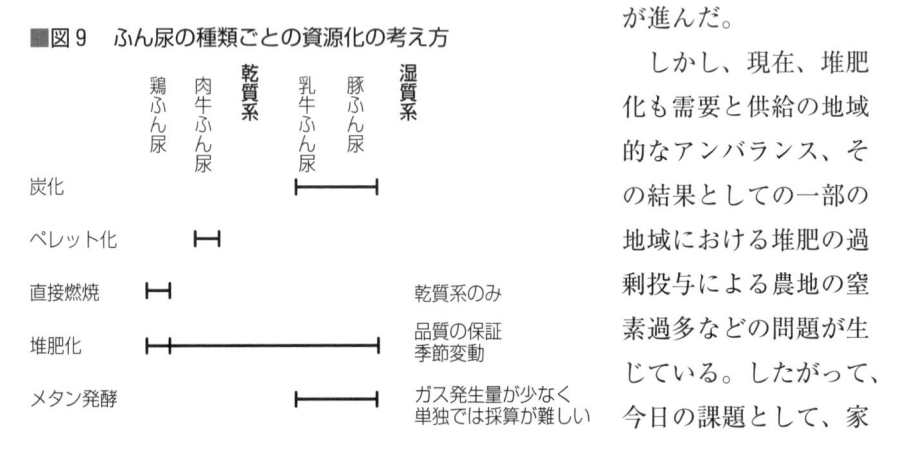

　しかし、現在、堆肥化も需要と供給の地域的なアンバランス、その結果としての一部の地域における堆肥の過剰投与による農地の窒素過多などの問題が生じている。したがって、今日の課題として、家

■図9　ふん尿の種類ごとの資源化の考え方

	乾質系			湿質系		
	鶏ふん尿	肉牛ふん尿		豚ふん尿	乳牛ふん尿	
炭化				———		
ペレット化		—				
直接燃焼	——					乾質系のみ
堆肥化	———————					品質の保証　季節変動
メタン発酵				———————		ガス発生量が少なく単独では採算が難しい

第1章 ■ 事例に見るバイオマス利用の実際

畜排せつ物の堆肥を供給地から需要地に円滑に流通させること、及び家畜排せつ物を堆肥化以外にも多様に利用することが求められているといえよう（図9、図10）。後者については、メタン発酵や焼却による発電といった利用が実際に試みられており、炭化についても研究が進められている。また、一口に家畜排せつ物といっても、牛、豚、鶏などの種類によって水分含有量などが異なっている。このように異なる水分量や集荷量に対応した適切な利用が望まれる。

■図10　家畜ふん尿バイオマス利用について

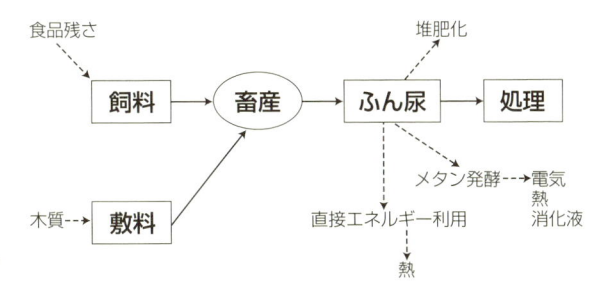

都城地域について

都城（みやこのじょう）地域は、宮崎県の鹿児島県境に近い盆地に位置している。都城地域は、日本でも有数の畜産生産地である。生産頭数は、肉牛29万頭（全国の1.6%）、豚44万頭（全国の4.5%）、ブロイラー鶏124万羽（全国の1%）である（数字は2010年、都城市資料）。また、都城地域の特徴として、大規模農家から中小の農家まで農家数も非常に多い。農家数は、肉牛1,800軒（全国の2.4%）、豚151軒（全国の2.5%）、ブロイラー鶏118軒（全国の5%）となっている。肉牛は比較的小規模の農家が多く、豚は大規模な農家が多い。豚であれば数千頭クラスの農家や、数万頭クラスの農家も多い。また、畜産の副産物を利用して飼料などを生産

写真14：牧場近くの牧草地

41

家畜排せつ物法とは？

　家畜排せつ物法とは、牛または馬10頭以上、豚は100頭以上、鶏2,000羽以上を飼養している畜産農家に対して、家畜排せつ物を堆肥舎などの施設※1で管理すること（資源化すること）が義務づけられるものである。違反した場合には罰則の適用※2がある。2011年12月1日時点における家畜排せつ物法の規定に関する施行状況を見ると、管理基準に適合している畜産農家数は53,150戸であり、対象農家数に占める割合は約99.98%である。一方、全体の約半数の小規模畜産農家は管理基準対象に含まれていない。家畜ふん尿の適正管理・リサイクルには問題が残っているとされる点である。

※1：ふんなど固形状の場合はコンクリートなどの不浸透性の材料でつくった床と適当な覆い・側壁があること、尿など液状の場合は不浸透性の材料でつくった貯留槽であること。
※2：適正に管理するよう自治体から指導・助言を受け、必要に応じて立入検査を受けたり、報告が求められたりする。それでも改善なく違反を継続する場合、最終的に罰金が科される。

■法施行状況調査（平成23年12月1日時点）結果の概要

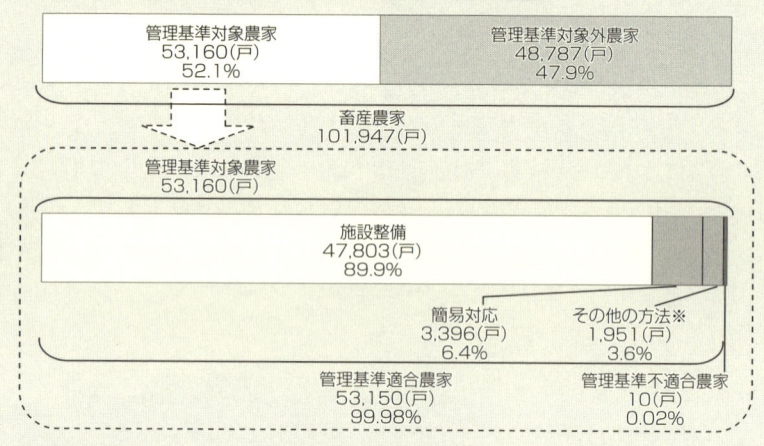

管理基準対象農家 53,160(戸) 52.1%	管理基準対象外農家 48,787(戸) 47.9%

畜産農家 101,947(戸)

管理基準対象農家 53,160(戸)

施設整備 47,803(戸) 89.9%	簡易対応 3,396(戸) 6.4%	その他の方法※ 1,951(戸) 3.6%

管理基準適合農家 53,150(戸) 99.98%	管理基準不適合農家 10(戸) 0.02%

※「その他の方法」には、畜舎からほ場への直接散布、周年放牧、廃棄物処理としての委託処分、下水道利用などが含まれる。

出所：農林水産省「家畜排せつ物法施行状況調査結果」（平成23年12月1日時点）

する事業者があり、そのような事業者において、鶏ふんと牛ふんを利用した燃焼エネルギー利用が行われている。また、牧場でのメタン発酵施設など、堆肥化以外の多様な利用も実施されている。このような事業規模や排せつ物

の種類に応じた多様な利用が図られている。もちろん、個々の農家は、いろいろな悩みも抱えており、それについても後述する。

都城地域の特徴として、バイオマスの積極的な活用を行う企業群の存在がある。すなわち、都城は民間主導でバイオマス利用を進めるモデルとなっている。また、都城市は、地下水の豊富な盆地に所在しており、霧島酒造（株）など大きな酒造製造メーカーも立地しており、リサイクル事業やメタン発酵層によるバイオマス利用など、多様なバイオマス利用が行われてきている。特に霧島酒造（株）によるメタン発酵施設は、従来肥料化していた焼酎かすの増加に対応するため、メタン発酵処理によって減量化した上で、廃液を一部肥料化するという有効利用を図っている。焼酎かすの一部は直接飼料としても利用されている。

都城では市民も水環境の保全には関心が高く、畜ふんの不適正利用に対する懸念もあり、地下水から硝酸性窒素が検出されたことから、市も宮崎大学と協力して地下水対策を講じてきた。また、宮崎県は林業も盛んな地域であり、それを受けて大きな木材メーカーやプレカットメーカーが立地しており、持永木材など製材端材や林地材のボイラーによる熱利用も行われるとともに、オガ粉の畜産への利用も行われている。

堆肥化利用

畜産での畜ふんの利用では、多くが堆肥化されている。多くの農家では堆肥化利用が行われ、自前の田畑を持つ農家においては堆肥の自己利用が行われ、栄養分のリサイクルがなされている。畜牛農家では、田畑で牧草を栽培し、その肥料として堆肥を使うことによってリサイクルが成立している。

しかし、十分な田畑を有しない農家については、堆肥は他所への販売・譲渡が必要になる。都城地域においては、畜産が盛んであるので堆肥の生産が多い（北諸県地域で乳牛14万ｔ、肉牛50万ｔ、豚80万ｔの畜ふんが発生〔2006年統計〕しており多くが堆肥化される）。それに比べると散布用の田畑の面積が少ないため、北諸県地域では、2006年には堆肥が139％と供給超過の状態と推定されており、地下水での硝酸性窒素が問題になってきた（ただ

し、宮崎県全体では、近年の畜牛頭数の減少から過剰感は緩和傾向にある)。

このような堆肥の需給バランスを確保するため、他地域への堆肥の販売・譲渡が必要になってくる。大規模農家においては、専門の堆肥化要員を雇用しその品質管理を行い、全国に販売す

写真15：販売される堆肥

る体制を整えているところもある。九州大学が2011年に都城地域の農家を対象に実施したアンケート調査（以下「アンケート調査」という）によれば、本地域で7件の農家が堆肥の販売を実施している。品質管理がなされた堆肥は、JAなどを通じ全国に販売されている。一方、中小農家においては専任の堆肥化管理要員や管理機材を擁していないため、品質管理・検査までは手が回らない。このような状態では品質の保証された堆肥の製造が行えないため、製品にならなかったり他所への販売が難しくなってくる。堆肥製造を効率良く行うため、共同堆肥化施設をつくったり、販売活動を促進したりすることが行われている。通常、共同堆肥化は自治体などが中心となって行われているが、都城では、大手の畜産企業が中心になって実施している。これは、品質管理や営業のノウハウを持つ企業が中小農家向けに実施することによって、高齢者が多い中小農家に対しては個別のサービスを行うなど柔軟な対応が行われている点でメリットが大きい。

なお、堆肥の品質管理や販売促進のニーズは全国的にも高い。このことは、九州大学が2012年に実施した全国のJAに対する調査結果においても、今後の連携で最も重要な目的は、堆肥の販売促進が73%で最も高く、堆肥の品質向上が33%でそれに続くという結果になっていることにも表れている。なお、堆肥の需要そのものについては、化学肥料との価格競争の面があるが、最近は堆肥の効果が見直されつつある。

他方、共同化に当たっては、共同で行うことによる病気などのリスクが存

在することも考慮する必要がある。事業化に当たっては、こうした農家の不安感も十分考慮しなければならない。アンケート調査によれば、当地域の農家の中でも「処理費が割安になる」「連携のメリットがある」「処理産物の品質向上」などのメリットを支持する声がある一方で、「運搬が難しい」「リスクが高い」「責任があいまいになる」などのデメリットを指摘する声も相当数ある。共同化を行う際には、このような点についても十分な検討を行っていく必要があろう。

ふんの水処理、メタン発酵

養豚農家では、すのこなどを用いて豚ふんの水処理を行う施設を設けている場合が多い。アンケート調査においても46％の養豚農家が水処理を行っている。中小農家においては、水処理施設の処理コストや処理施設の修理、メンテナンスなどの問題に対して不安感を持っており、バックアップ施設などを求める声も多い。

他方、豚ふんや乳牛ふんのような水分が多いふんについては、メタン発酵施設による処理を行うことも効率的である。豚ふんを利用したメタン発酵施設は、全国的に見ても、大分県日田市、熊本県山鹿市など多くの地域で採用されている処理方法である。このような地域では、生ごみなど他のバイオマスも処理していることから、施設規模は比較的大きくなっている。メタン発酵施設は設備費が大きいことから全体の処理量を考えることが必要であるし、消化液が発生することから周辺の農地での利用を考慮していく必要がある。農地面積に限りがある地域では、消化液の処理についても十分検討する必要がある。都城地域では、高千穂牧場に

写真16：高千穂牧場における消化液施設

おいて、5.2 t／日の乳牛の畜ふんをメタン発酵施設で処理し、ガス発電を行っている比較的小規模な施設がある。高千穂牧場は観光農場であり、周辺には別荘も立ち並ぶ観光地に立地している。得られた消化液は牧場に散布されているほか、堆肥化では問題が発生した悪臭問題の解決にも寄与するというメリットをもたらしている。

鶏ふん、牛ふんの燃焼エネルギー利用

都城市の南国興産(株)において、鶏ふんの燃焼エネルギー利用が行われている。鶏ふん、中でもブロイラーふんは畜ふんの中では水分量が少なく、燃焼利用に向いている。宮崎県はブロイラーが盛んな地域であるが、南国興産(株)の鶏ふん取扱量は設備増設後約20万 t となり、宮崎県の川南町にある宮崎バイオマスリサイクル（処理量13万 t）と合わせて、宮崎県の鶏ふん発生量のほぼ全量を処理・利用していることになる。燃焼エネルギー利用のためには大規模なボイラーが必要であることから、多量の鶏ふんを集めなければならない。南国興産(株)では、1500kW × 2 の発電を行い、飼料生産工場内のエネルギー供給を行うとともに熱利用も行っている。なお、宮崎バイオマスリサイクルは発電した電気を全量九州電力へ売電している。大量の鶏ふんが事業化のためには必要であるので、大量の鶏ふんを効率良く集めるシステム、計画的な畜ふん発生量の管理、予測が求められる。

このような大規模事業が成功した要因は、2つあると思われる。一つは、対象がブロイラーであり、ブロイラーは系列化が進んでいる畜産形態であり、運搬収集が容易なこと、及び鶏ふんの発生量が年間を通じて予測できることが事業化を可能にしている。もう一つは、畜ふんの処理義務化に対応して宮崎県庁が事業者、電気事業者、処理事業者との積極的な連携を行い、ブロイラーふんのエネルギー利用を進めたことである。南国興産(株)では、ブロイラーふんの燃料利用だけでなく、牛ふんの燃焼エネルギー使用も始まっている。これも畜ふん利用の多様化を目指す方針から始まっているが、最近の牛ふん量の減少やコスト面から、牛ふんについては堆肥化がなお主要な利用方法になっている。

このほか、牛ふんをペレット化し、ハウス加温用のバイオマスボイラーで利用する研究も2008〜09年に行われた。ハウス用の燃料を重油からバイオマスに転換することについては、重油価格との比較の問題にはなるが、その事例としては、木質ペレットを使用した真庭市の例がある。

食品残さの飼料利用やオガ粉の敷料利用

畜産事業者には、排出する畜ふんの有効利用以外にも、食品残さの飼料の利用者や製材工場からの敷料用オガ粉の使用者としての立場もある。都城市では、(株)はざま牧場や南国興産(株)などの企業において飼料製造が行われているほか、霧島酒造(株)での焼酎かすの飼料利用が進められている。また、市内の製材施設から出る木質オガ粉を畜産施設に敷料として供給している。このように、都城地域では、多種多様なバイオマス供給企業が立地しているため、バイオマス原料の相互供給が行われ、バイオマス利用コストが安く有効な利用が進むという立地メリットが存在しているといえる。

バイオマス利用のための関係者の連携

都城地域には、大手の畜産農家に加えて、畜産副産物利用事業者、焼酎製造メーカー、製材メーカー、プレカットメーカーなど多くのバイオマス関連事業者が立地している。畜産農家でいえば、(株)はざま牧場は豚7万頭、肥育牛4,000頭を飼育する大規模牧場であり、多様な堆肥製造をはじめとして、それを利用した農作物の生産・販売、エコフィードの利用など多彩な事業を行っている。都城地域にはこのクラスの大規模農家が数カ所事業を行っている。この地域では、2008年にはバイオマス資源量の調査を行っているが、伝統的にこのような大手メーカーによる勉強会なども行われてきており、関係者の先進的な技術導入、環境調和型施設への意識も高い。

九州大学では、都城市、事業者、南九州大学関係者などと協力して、2010年から当地域での畜産バイオマス利用の円滑化を目指し、ワークショップの開催やアンケート調査などを実施しているが、このような場においても畜産農家や研究者、行政の間で積極的な議論が行われている。例えば、畜産農家

写真17：2011年5月に実施された
畜産バイオマスワークショップ

の機械の故障などの不安に対する行政の関与、エコフィードへの異物混入の不安に対する分別の実例紹介、バイオマスプラントへの反対に対する必要性の啓発の方法など、問題提起とそれに対する解決のヒントが示されるなど、当地の関係者間では実務的な意見の交換が行われている。

　当地の大手企業は、全国のモデルプラントとなるようなバイオマス利用を進める事業を自らの事業として実施しており、通常は市町村が行う共同堆肥化施設も企業が中心となって行うなど、民間主導型でバイオマス利用が進められてきた。2004年には、バイオマスの高度活用による環境調和促進事業として、産学官の研究が行われている。また、都城市には南九州大学があり、ここの先生方が中心となって環境まちおこしを進めてきた。こうした地域の人材群の集積が、都城地域のバイオマス利用の活発化に寄与しているのであろう。

　また、宮崎県庁の畜ふん処理の適正な実施に向けた積極的な政策実施及び支援措置も重要な要素であるといえよう。宮崎県全体で農林水産業の就業人口は13％あり、非常に高い。宮崎県は肉牛で見れば、全国289万頭のうち29万頭、飼育農家全国7万件のうち1万件を占めるなど有数の畜産地域である。実際、南国興産（株）のバイオマス発電施設なども県庁の積極的な支援によって成立している。特に発電施設などは大量の原料の安定的な供給が不可欠であり、市町村単位というより、県単位での取り組みが不可欠である。その場合、県庁の支援というものも重要となってくるであろう。

コラム
地域通貨を利用した木質バイオマスの収集

　木材の利用方法は、建築用材や製紙用のチップ、果てはストーブの燃料のように様々である。そして、木材をいずれの方法で利用するにしろ、まずは樹木を伐採して木材を搬出しなければならない。しかしながら、木質バイオマスは主に燃料用として利用されることから、どうしても灯油などの化石燃料と競争しなければならず、結果として取引価格が低くなりがちとなる。そして、低い取引価格は木質バイオマスの収集量に悪影響を及ぼすことになる。

　では、いかにして必要な量の木質バイオマスを収集するか。そのための手法の一つとして、地域通貨を利用した木質バイオマスの取引価格の向上を紹介する。四国の山あいにある仁淀川（によどがわ）町では、2005年～09年にかけて独立行政法人新エネルギー・産業技術総合開発機構（NEDO）の補助事業として木質バイオマスを原料としたガス化発電及びペレット製造の実験が行われた。この実験では木質バイオマス１ｔ当たりの買取価格を現金で3,000円とし、さらに地元の商店などで利用できる地域通貨「エコツリー」で3,000円分を上乗せした。この実質6,000円という木質バイオマスの買取価格は、個人の林家などにとっては十分な副収入になりえる金額であるため、実験に協力する林家が大幅に増え、木質バイオマスの収集量は予想以上の結果となった。

　さて、この地域通貨であるが、運用にはいくつかの課題もある。例えば、ここで取り上げた「エコツリー」では、原資として町の予算が年間400万円程度あてられていたため、自然環境の保全や地域への経済効果のためとはいえ財政上の負担になった。このように、地域通貨においては誰が資金を拠出するかが焦点となる。また、地域通貨は不足している金額を補うという意味で補助金と同じであるため、地域への経済効果などを十分に発揮できるようにしなければならない。

　木質バイオマスの収集について様々な研究が行われているが、十分な解決策はいまだに見つかっていない。地域通貨の利用も完全な解決策とはいえないが、今までにない試みであり、一定の効果をあげている。このように新たな試みがなされることで、木質バイオマスの利用も徐々に進んでいくことが期待される。

> キーパーソンが語る1

生ごみの分別で地域の一体感

境　公雄
大木町環境課長

　大木町では2006年11月から、町内全域で生ごみの分別収集が始まりました。6年以上経過した現在でも、この町ぐるみの取り組みは順調に続いています。
　正確に言うと、生ごみの分別は、地域に大きなメリットをもたらしました。何といっても一番大きな効果は、町ぐるみで生ごみを資源として地域で循環させる事業に、すべての住民が参加し、住民のまちづくりへの参加意識が培われたこと。本来「ごみ」としては一番厄介者の生ごみが、地域の一体感を作り出した、これは当初予想しなかったことでした。住民の皆さんは自分たちが生ごみをきちんと分別しないと、この事業はうまくいかないことをわかっていて、自分たちがこの事業を支えているという参加意識を持って、生ごみの分別、液肥の利用、液肥を使った農産物の利用などに参画しています。
　住民協働ということがよく言われますが、これからのまちづくり、特に自立した地域づくりを目指す上で、住民がその地域の事業やイベントに関わりを持ち参加をするのか、また、その地域のまちづくりに参加意識を持つことができるのかが、特別重要だと思います。なんと、生ごみ分別がその偉業を成し遂げてくれた。こんなことが、大木町で起こっています。
　生ごみ分別は、他に様々なメリットをもたらしました。
　まず、生ごみを分別することで、燃やすごみが半減しました。ごみ袋から生ごみがなくなると、「ごみ」の景色が変わります。袋に汁がたまり、特に夏場は悪臭を発し、近づくのも嫌な、まさに厄介者であった「ごみ」の中身は、ほとんどがプラスチック、雑がみで占められます。そうなると、ごみは燃やすものではなくて、資源の集まりに見えてきます。生ごみ分別で「ごみ」の景色が変わり、大木町では上勝町に次ぐ全国2番目のゼロウェイスト宣言である、「大木町もったいない宣言」を議会が議決し、公表することに

つながりました。大木町ではもったいない宣言の目標を地域で共有し、2016年までにごみの焼却や埋立ゼロを目指しています。大木町のごみ政策のバイブルが「大木町もったいない宣言」であり、この目標に基づきごみの減量対策に取り組んでいます。

次に、生産した有機肥料は農家の負担軽減や新たな特産物の生産につながり、地域農業の活性化に役立っています。この液肥「くるっ肥」で生産した特別栽培米「環のめぐみ」は、学校給食や地域の食卓に届けられています。さらに、生ごみを燃やさない、し尿や浄化槽汚泥を水処理しないことで、資源やエネルギーの有効利用につながり、環境負荷の低減に貢献しています。

生ごみ分別で培った協働の取り組みは、その後プラスチックの分別、紙おむつの分別、雑紙の分別とつながり、住民の参加で成果をあげつつあります。2012年２月に行った、町民アンケートの結果（次ページ）がそれを裏づけています。

生ごみの循環事業から「大木町もったいない宣言」の公表に至るまで、一貫して住民と行政、さらに大学などの研究機関が膝を交え、議論を重ね、モデル事業に取り組み、実現にこぎつけることができました。このプロジェクトに係ったある住民が、「10年前には本当に実現するとは思わなかった。よくここまで来れたね」と感慨深く話されたことが印象的です。行政だけで進める計画だと、おそらく安易な方向に落ち着いていたでしょう。地域のいろんな人が関わって試行錯誤してきたからこそ、後戻りせず、一歩ずつ前進して、このプロジェクトが実現できたのでしょう。

生ごみなどのバイオマスを活用することは、単なる経済原則や環境意識だけではうまくいかない。地域ぐるみで目標を共有し、地域のみんなが参加する仕組みをつくり、それを実践していくことが重要だと思いますが、その取り組みの過程で地域の一体感ができるのです。バイオマスを地域資源として町ぐるみでうまく活用していくことができれば、そこから様々なメリットが生まれるということは、大木町の事例が実証しており、全国に是非広まってほしいと思っています。

大木町 全世帯アンケート

2012年2月～3月実施
3,001世帯／4,594世帯＝65.3%

生ごみ分別（回答数2,823）
- ほとんど分別する 86%
- ある程度は分別する 12%
- 分別しない 2%

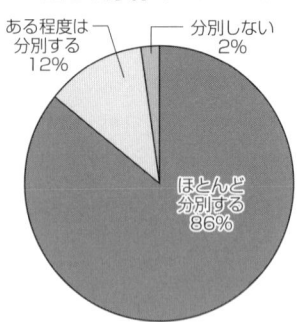

雑誌類分別（回答数2,777）
- ほとんど分別する 63%
- ある程度は分別する 30%
- 分別しない 7%

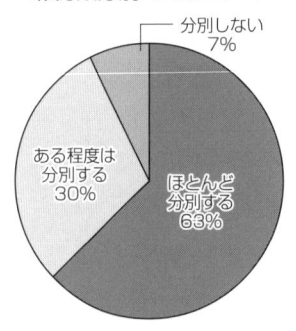

プラスチック分別（回答数2,800）
- ほとんど分別する 66%
- ある程度は分別する 29%
- 分別しない 5%

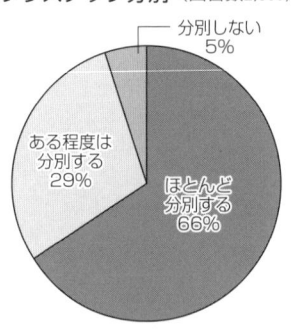

紙おむつ分別（回答数586）
- ほとんど分別する 72%
- ある程度は分別する 13%
- 分別しない 15%

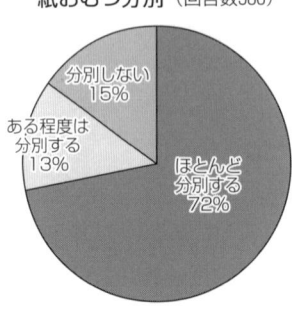

マイバッグ持参（回答数2,842）
- ほとんど持参している 51%
- 時々持参している 33%
- ほとんど持参しない 16%

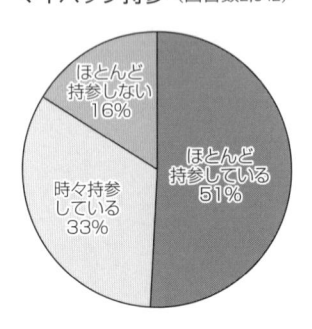

第2章

バイオマス利活用技術と事業性（経済性と実効性）の評価

1 はじめに

　資源循環型社会、低炭素化社会構築を目指して、バイオマスの再資源化を目指した利活用の取り組みが熱心に行われ、利活用の一層の効率化を目指した研究・開発、実証試験も盛んに実施されている。特に、東日本大震災後、新エネルギーによる発電の全量買い取り制度（FIT制度）がスタートし、バイオマス利活用への期待はさらに大きくなった。しかし、国内でのバイオマス利活用の推進には、太陽光発電などの他の新エネルギーとは違った難しさがあり、実現しているのは廃棄物系バイオマスの利活用事業がほとんどである。

　一方、これまで数多くのバイオマス利活用の取り組みが進められてきた。しかし、その中には政府の補助金などを利用して高価な設備を設置したものの、所定の成果が得られず経済的に継続が困難になり、費用と労力の無駄に終わったものもある。そのため、これらのバイオマス利活用事業の本当の効用（実効性）について疑問が持たれている。

　本来、バイオマス利活用事業への取り組みは、継続的な実効性のある事業でなければならず、そのためには事業性と実効性の評価が必須である。そこで、以下、これらのバイオマス事業の事業性と実効性の評価手法の開発を試みるとともに、実際の導入事例について事業化の成功と失敗の要因を整理し、事業を成立させるための要件を考える。

2 バイオマス種類と利活用技術

　バイオマスには、前章までに述べたように多くの種類があり、種類によっ

■図1 バイオマスの水分量と有効発熱量
　　　（900℃燃焼で計算）

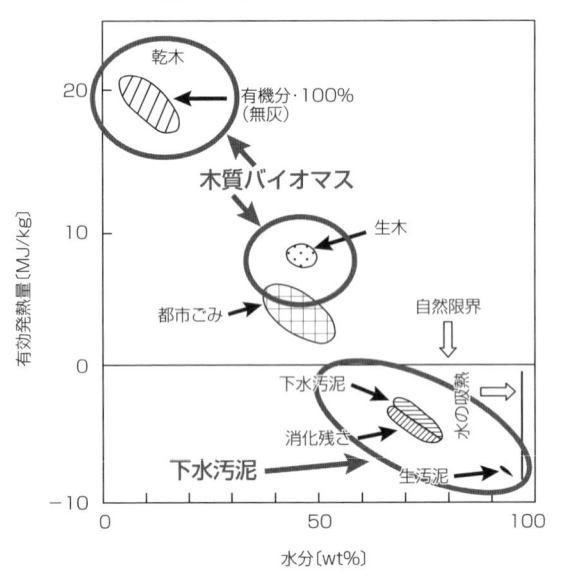

出所：『エネルギー・資源ハンドブック』より作成

て発生量も性状も大きく異なり、それによって適切な利活用（転換）技術も異なる。また、これらは発生地域によっても大きく変化する。したがって、バイオマスの利活用上の最大の問題は、対象とするバイオマスの大量収集が困難であり、安定した大規模処理ができないことである。

　バイオマスの性状は、主に水分量と無機物（燃焼後の灰分）量、特に水分量で大きく変化する。そのためバイオマスは水分を多量に含む「湿潤バイオマス」と、比較的水分の少ない「乾燥バイオマス」に大きく分けることができる。つまり、生ごみ（厨芥類）や家畜排せつ物、下水汚泥、食品残さなどは、湿潤バイオマスである。一方、乾燥バイオマスは紙や製材工場残材、建設発生木材、林地残材のような木質バイオマスと、農作物非食用部や雑草などの草本バイオマスである。このバイオマスの水分量は、図1に示すように、エネルギー利用する場合に重要な有効熱量（燃焼を継続するのに必要な最小限の熱量を引き去った後に保有している熱量）に大きく影響し、転換技術の選択にとって極めて重要となる。

　ここでは、バイオマスの種類とその性状に適した利活用技術の選定に当たって、代表的な湿潤バイオマスとして利活用の必要性が高い生活系の生ごみ（厨芥類）と農業系の家畜排せつ物を選び、適した転換技術として、メタン発酵、堆肥化・肥料化、飼料化を検討する。また、乾燥バイオマスとして

木質バイオマスを選び、転換技術として直接燃焼・ガス化・固形燃料化、炭化をそれぞれ取り上げる。以下、これら3種のバイオマスごとに利活用の現状と利活用方法を概観し、特有の課題の整理を行う。

生ごみ（厨芥類）

　一般廃棄物として処理される生ごみは、水分が多く短時間で腐敗するため、衛生上速やかに処理しなければならない。そのため、従来は収集後速やかに焼却されるのが一般的であった。しかし、近年は生ごみの利活用・再資源化事業として、大規模な取り組みとしてはメタン発酵が、家庭や飲食店の小規模な取り組みとしては堆肥化（コンポスト化）が関心を集めている。これらの取り組みには、いずれも分別の徹底が前提となる。表1に、生ごみを含む湿潤系バイオマスの転換技術と、その事業化に係る諸条件をまとめた。

　一方、ごみの分別収集の徹底が難しい大都市部では、生ごみを可燃ごみとして収集し、大規模なクリーンセンターでのごみ発電などによる焼却でエネルギー回収が行われている。しかし、このような焼却時のエネルギー回収は、バイオマス利用の範疇から外れるため、ここでは扱わない。

家畜排せつ物（家畜ふん尿バイオマス）

　廃棄物系畜産バイオマスである家畜排せつ物は、現在、そのほとんどが堆肥として利用されているが、家畜の種類によって飼養形態も排せつ物の性状も異なるので、ここでは牛ふん（豚ふん）と鶏ふんに分けて考える。

　牛ふん（豚ふん）については、小規模の畜産農家では、そのほとんどを堆肥として自家消費しており、農業法人などで肥料取締法に基づき堆肥として販売している場合もある。しかし、堆肥化工程で悪臭や水汚染の原因となるなど、環境問題を引き起こすことがあり、より環境に配慮した利活用が望まれている。そのため、牧場など、大規模な飼育を行っている農業法人のメタン発酵事業や、自治体が生ごみと一緒に家畜排せつ物のメタン発酵処理を行っている場合もある。しかし、堆肥化に比べてコストが高く、生ごみに比べて採算性は低い。

■表1　湿潤バイオマスの転換技術と導入状況及び技術的課題

転換技術	種類	発生元／種類	用途・法的制約など	技術完成度	規模／量	経済性	事業主体	技術的課題
メタン発酵	生ごみ	家庭		○	中	△	自治体	＊徹底した分別、もしくは前処理設備が必要
		事業系		△			排出事業者／処理業者	＊徹底した分別に課題
	食品加工残さ	（廃棄物）	（食品リサイクル法）	○	中～大	○	排出事業者	＊対象物の性状
	焼酎かす	焼酎製造所	（海洋投棄禁止）	◎	中～大	○	排出事業者	＊中小企業が多く、集約が必要
	有機汚泥	下水		◎	大	△	自治体	＊食品残さなどに比べて、ガス発生量が少ない ＊バイオガスが有効に利用できないケースがある
		排水汚泥		△	中	×	自治体／処理業者	＊重金属など、有害物の混入の恐れ（消化残さの利用が困難）
	家畜排せつ物	牛・豚	（家畜排せつ物法）		中～大	△	排出事業者処理業者	＊ガス発生量が少ない
堆肥化・肥料化	生ごみ	家庭	家庭菜園	△	小	△	家庭	＊コンポストとして自家消費が必要 ＊品質問題
		事業系	（食品リサイクル法）	○	中	△	排出事業者処理業者	＊臭気など、環境問題。地域住民の反対 ＊未熟品（品質）に注意
	食品加工残さ	（廃棄物）	（食品リサイクル法）	○	中	△	排出事業者／処理業者	＊分別が必要。塩分過多に注意
	有機汚泥	下水	肥料取締法	○	中	△	排出事業者／処理業者	＊分別の徹底
		排水汚泥	肥料取締法	○	小	×		＊重金属など、汚染物質混入を回避
	家畜排せつ物	牛・豚	（家畜排せつ物法）	○～◎	中	△	排出事業者	＊臭気など、環境問題。地域住民の反対
		鶏	（家畜排せつ物法）	○～◎	中	△	排出事業者	＊臭気など、環境問題。地域住民の反対
	農作物（廃棄物）農作物非食用部		農用地（自家消費）	○～◎	小	×～△	排出事業者（農家）	＊収集、量の確保 ＊発生時期が限定される
飼料化	生ごみ	事業系	（食品リサイクル法）	×	原料として不適			
	食品加工残さ	廃棄物	（食品リサイクル法）		中～大	○	排出事業者／処理業者	＊対象物の鮮度、配合など、品質の担保 ＊需要の確保 ＊臭気など、環境問題。地域住民の反対
	焼酎かす	焼酎製造所	（海洋投棄禁止）		中～大	○	排出事業者	＊固形物分離に濾過、乾燥が必要
	農作物（廃棄物）	（廃棄物）		○	小～中		自家消費農家農協	＊発生に季節性が大きい
	農作物非食用部	茎など	粗飼料（牛）	◎	小～中	△～○	農協／処理業者	＊収集量、収集効率

※その他の転換技術：直接燃焼・固形燃料化（RDFを含む）、炭化（発酵乾燥品など）、廃食用油のBDF化、乳酸発酵（生分解性プラスチック）など

　一方、鶏ふんも堆肥（肥料）として利用されているが、堆肥化工程の悪臭などの環境問題が経営上、深刻な問題となっている。そのため、ブロイラーふんを広範囲に集積して発電する新たな利活用事業も行われているが、個々の養鶏業者が取り組めるものではない。

　いずれにしても、家畜排せつ物は発生量が大きく環境負荷も大きい。また、家畜の飼料の大部分を輸入に依存している限り、農用地の窒素バランス上、

第2章 ■ バイオマス利活用技術と事業性(経済性と実効性)の評価

■表2　乾燥バイオマスの転換技術と導入状況及び技術的課題

転換技術	種類	発生元	利用先/法的制約	技術完成度	規模/量	経済性	事業主体	技術的課題
直接燃焼・固形燃料化	木質系	建設廃材	燃料、炭化原料他	△~○	小~大	◎(逆有償)	民間	＊CCA対策/土砂など異物の混入 ＊破砕、粉砕など
		製材端材	燃料、製紙原料他	◎	中~大	○	民間	＊チップ化、破砕・粉砕が必要
		加工くず	燃料、農業資材	◎	中~大	○	民間	
		間伐材	木材(製材端材、加工くず)	○	中~大	x~△	民間/自治体/国	＊バークの利用 ＊搬出の効率化
		林地残材	木材(製材端材、加工くず) 枝・葉	○	中~大	x	民間/自治体/国	＊異物混入 ＊搬出されない(切り捨てがほとんど) ＊搬出・収集の効率化
	草本系・雑	剪定枝 刈り草	堆肥 燃料	○ △	小	x	自治体	＊収集コストが大きい ＊土砂など異物の混入、乾燥が必要
	竹材		素材、燃料	△	小	x	民間	＊嵩密度が著しく小さい
	ごみ	家庭 事業系	燃料(RDF)	△ △	中~大	x	自治体	＊不燃物・塩ビの分別、乾燥エネルギーの消費大 ＊広域収集による大規模利用システムが必要
炭化	木質(竹材)	木炭(竹炭)	飲食店など吸着剤、農業資材	○~◎	小	○	民間	＊高機能・高付加価値用途の開発
	乾燥バイオマス	炭化物	燃料 農業資材	△~○	中~大	x (○)(逆有償)	民間	＊製造時のエネルギー自立性 ＊乾燥によって水分を一定以下まで乾燥すれば可 ＊乾燥エネルギー・装置が必要 ＊バイオマス性状に制限(熱量一定以上、灰分一定量以下)
液体燃料化(エタノール)	作物・食品廃棄物(でんぷん・糖類)	農産物	自動車	◎	中~大	△	民間	＊エネルギー生産性 ＊食料との競合
	リグノセルロース系		自動車					＊前処理(糖化)工程が重要 ＊原料供給の制約により、大量生産が難しい
	酸糖化 非酸糖化 (木質、草本、古紙)	木質系 草本系	航空機	開発中 研究中	大 大	x~△ x	民間	＊装置に高級材料が必要 ＊反応条件が過酷、設備コストが大きい ＊副産物の処理(リグニン、硫酸法の場合/廃硫酸)

すべてを堆肥として利用することには無理がある。したがって、将来的には堆肥化以外の利活用が必須であることから、牛ふん(豚ふん)のメタン発酵処理が期待されている。

木質バイオマス

新エネルギーとして最も期待されているのが、木質バイオマスである。人類は古くから薪や木炭として利用してきたが、現在、一般家庭で薪や木炭を日常的に使うことはほとんどない。しかし、大規模な製材工場などで、廃棄

■表3　中間製品への転換と技術的課題

用途	原料	製品	使用機器	利用先/最終用途	技術完成度	規模/量	経済性	事業主体	技術的課題
固体燃料	家庭ごみ	RDF	ボイラー	焼却炉（発電）	○	中～大	△	自治体	＊RDF製造コスト、ダイオキシン対策
	木質	微粉	ボイラー/タービン	発電所	◎	大	○	民間	＊原料安定供給と発電量の確保
		薪	ストーブ	家庭	◎	小	△	民間	＊原料の安定供給
		チップ	ボイラー	温浴施設、発電施設	◎	小～中	○	民間/自治体	＊原料の安定供給
		ペレット	ボイラー/ストーブ	温浴施設、家庭	◎	中～小	△～○	民間/自治体	＊原料及び製品需要先の安定確保
		炭化物	乾留設備	飲食店など	○～◎	小	○	民間	＊木質系（木炭）・竹材系（竹炭）が主体
		活性炭（市販木炭を除く）	乾留・賦活設備	環境浄化、農業	○	小～中	△～○	民間	＊高灰分量、低熱量、高窒素の傾向（汚泥系、ボイラーに制約）
気体燃料		ガス化ガス燃料ガス	ガス化・発電	熱・電気	○	中	△	民間	＊タールなどの処理 ＊エネルギー効率
液体燃料		合成ガス（メタノール、炭化水素）	ガス化/合成設備	液体燃料、化成品	×～△	大	×（現状）	民間	＊ガス化剤に酸素ガス ＊タールの処理、エネルギー効率 ＊研究・開発段階
		エタノール（発酵）	無水	輸送用燃料（ガソリン代替）	×～○	大	×～△	民間	＊エネルギー生産性 ＊食料との競合
			含水	工業用（薬品など）			△～○	民間	
	廃食用油（植物油）	BDF	ディーゼル機関	トラック、バス、農業機械	○	小	△	自治体/民間住民活動	＊品質保証、収率向上、副産物の処理

物（副産物）として発生する大量の木材加工屑（製材端材、オガ粉、プレナー屑）を燃料として自家消費し、熱や電力として利用する取り組みが行われている。また、製材端材や建設廃材などを利用した、大規模な直接燃焼による1万kW前後の発電事業も行われ始めている。一方、これらの木質バイオマスは、製紙原料や畜産の敷料としても重要であり、またチップやペレットなどの固形燃料として外販もされている。

したがって、今後さらに木質バイオマス利活用を推進するためには、林地残材などの未利用バイオマスの利活用が課題であり、その最大の障害は搬出コストが大きく、林地から搬出できないことである。そのため、これらの未利用木質バイオマスの利活用は、林業振興策の補助手段として位置づける必要があり、林業関係者の取り組みが重要である。表2に、木質バイオマスを含む乾燥バイオマスの転換技術と、その事業化に係る諸条件をまとめた。また、一部重複するものの、中間製品としての固体燃料・液体燃料製造の観点

から、それぞれの特徴と技術的課題を表3に示した。

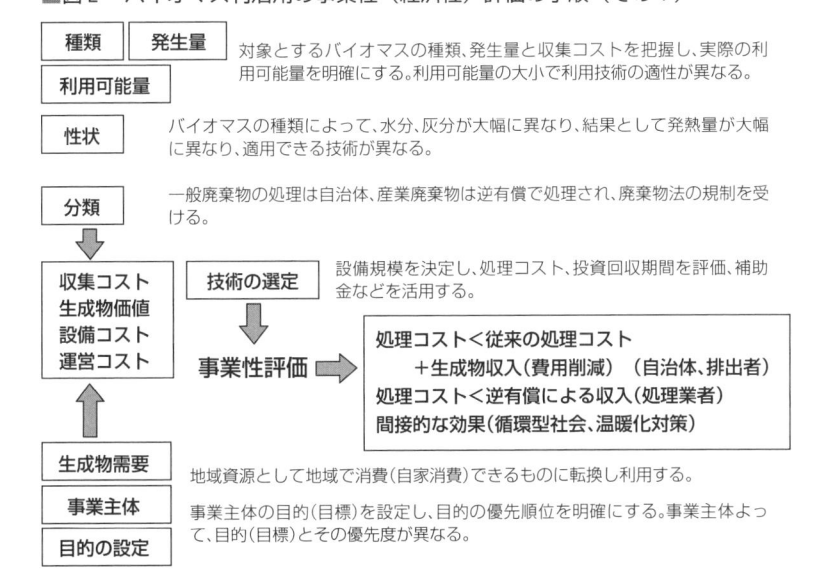

3 バイオマス利活用の事業性と実効性

　バイオマス利活用の事業に着手するに当たっては、事前に事業性（経済性）評価を行い、事業として継続できる条件を検証する必要があることを前項で述べた。この検証は、一般的に図2に示すような手順で進めることになる。

　まず、事業主体（事業の実施者）が利活用事業の実施について、以下の項目を明確に設定する必要がある。

①バイオマス利活用の目的を明示し、複数の場合はその優先度を明確にする。

②利活用の効用（生成物）を明確にする（生成物である熱、電気の利用法など）。これは、事業主体によって取り組みの目的の優先順位と期待する効用（生成物）が異なるためである。民間企業であれば経済性が最優

■図2　バイオマス利活用の事業性（経済性）評価の手順（その1）

種類／発生量／利用可能量	対象とするバイオマスの種類、発生量と収集コストを把握し、実際の利用可能量を明確にする。利用可能量の大小で利用技術の適性が異なる。
性状	バイオマスの種類によって、水分、灰分が大幅に異なり、結果として発熱量が大幅に異なり、適用できる技術が異なる。
分類	一般廃棄物の処理は自治体、産業廃棄物は逆有償で処理され、廃棄物法の規制を受ける。
収集コスト／生成物価値／設備コスト／運営コスト	
技術の選定	設備規模を決定し、処理コスト、投資回収期間を評価、補助金などを活用する。
事業性評価	処理コスト＜従来の処理コスト＋生成物収入（費用削減）（自治体、排出者）／処理コスト＜逆有償による収入（処理業者）／間接的な効果（循環型社会、温暖化対策）
生成物需要	地域資源として地域で消費（自家消費）できるものに転換し利用する。
事業主体／目的の設定	事業主体の目的（目標）を設定し、目的の優先順位を明確にする。事業主体よって、目的（目標）とその優先度が異なる。

■図3　バイオマス利活用事業を推進するため留意事項

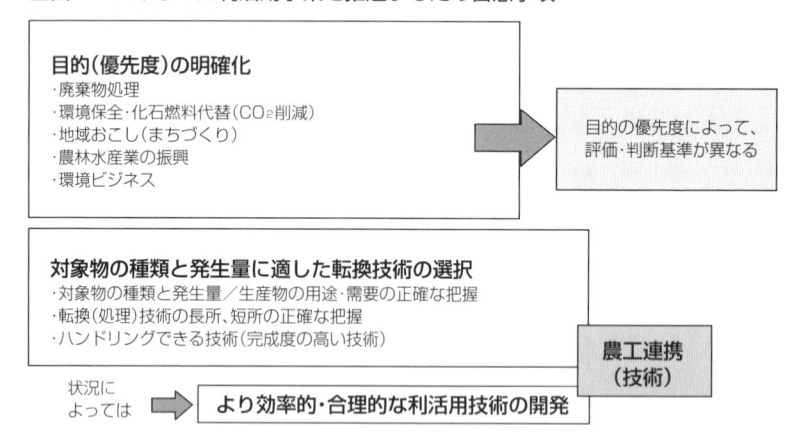

目的（優先度）の明確化
- 廃棄物処理
- 環境保全・化石燃料代替（CO_2削減）
- 地域おこし（まちづくり）
- 農林水産業の振興
- 環境ビジネス

→ 目的の優先度によって、評価・判断基準が異なる

対象物の種類と発生量に適した転換技術の選択
- 対象物の種類と発生量／生産物の用途・需要の正確な把握
- 転換（処理）技術の長所、短所の正確な把握
- ハンドリングできる技術（完成度の高い技術）

農工連携（技術）

状況によっては → より効率的・合理的な利活用技術の開発

先されるが、自治体の一般廃棄物の処理では衛生的で確実な処理が優先される。したがって、事業主体の目的の優先順位を明確にした上で、さらに以下の検討を定量的に行う。

③バイオマスの種類と利用可能量と発生場所、発生密度を把握する。
④バイオマスの性状とその変動幅を把握する。
⑤バイオマスは廃棄物か有価物か、取り扱いを明確にする。廃棄物の場合は廃掃法の制約を受けるため、法的な取り扱いを確認しなければならない。

以上の検討結果をベースに、適切な利活用（転換）技術を選定し、稼働率を考慮した設備規模を設定し、設備コスト、運営コストを精査する。さらに、設備の導入に当たって補助金などの活用の可否を勘案して、事業性評価を行い、事業性ありと判断した場合、事業に取り組むことになる。これらの判断の基準に関する留意事項を図3にまとめた。

事業性（経済性）の評価方法

民間企業であれば、当該事業によって利益が出なければ通常は事業化しない。しかし、前述のようにバイオマス利活用の事業目的は営利ばかりではなく、廃棄物処理、環境保全、さらには地域おこしのような副次効果を期待し

て実施されることも多い。したがって、これらの要素を勘案して、営利のみで事業性を判断するのではなく、当該事業の事業性の有無を以下の不等式①で評価することを検討する(以下、事業性評価式①とする)。実際の評価に当たっては、これらの式の各項に数値を入れて、その大小を比較し、式の成否を判断することになる。しかし、各項に代入する数値は数多くの因子で構成され、バイオマスの種類・発生量はもとより、地域性、目的などによって異なってくる。したがって、ここでは不等式が成立することが、まず事業が成立する前提条件となり、(右辺)―(左辺)の値が大きいほど事業として優れているとして定性的な議論を進めることとする。

$$A_1 + A_2 + A_3 < B_1 + B_2 + B_3 \quad \cdots\cdots 式①$$

式の各項の意味は次の通りであり、例としては生ごみのメタン発酵によるバイオガス発電を想定している。

■左辺
　A1：対象バイオマスの収集コスト(例：生ごみの収集コストなど)
　A2：上記バイオマスの利活用(転換)コスト(例：メタン発酵など)
　A3：利活用後の副産物の処理コスト(例：メタン発酵消化液の処理など)
■右辺
　B1：A1と同量のバイオマスの従来の収集・処理コスト(例：焼却など)
　B2：利活用生成物による収益(例：売電収益、用役費削減など)
　B3：利活用事業の波及効果の価値(例：間接効果としての住民の環境意識の向上、企業イメージアップなど)

また、さらにB2、B3は次式を満足しなければならない。

$$B_2 = B_{21} \times B_{22} \quad \cdots\cdots 式②(収益式②とする)$$
$$B_3 = B_{22} \times B_{31} \quad \cdots\cdots 式③(波及効果式③とする)$$

　　B21：利活用後の生成物の価値(単価)(例：売電、用役費削減など)

■図4　事業性評価式①の簡略図

| 収集コスト | + | 転換コスト | + | 副産物処理コスト | < | 従来の廃棄物収集・処理コスト | + | 収益 | + | 波及効果価値 |

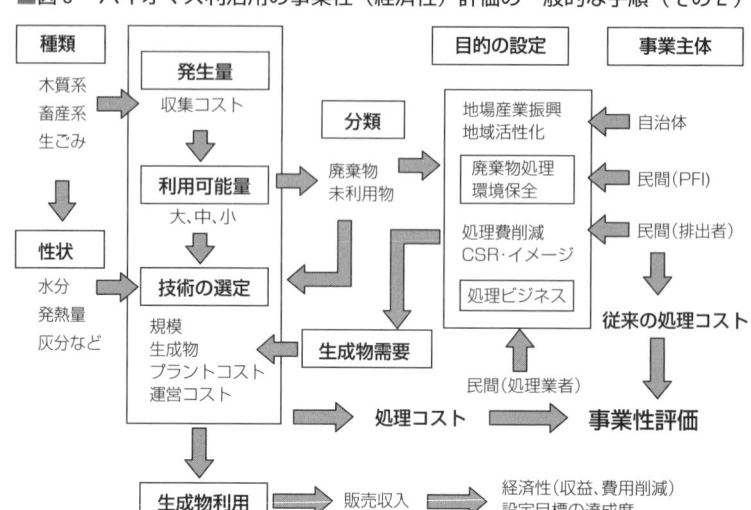

■図5　バイオマス利活用の事業性（経済性）評価の一般的な手順（その２）

B22：対象バイオマスから製品への転換率（例：設備能力 × 稼働率など）

B31：利活用製品の間接効果（波及効果）の価値

以上の考え方に基づく、より具体的な事業性評価の一般的な手順を、図5に示す。

事業の実際の効用（実効性）の評価

前項で事業性を主に経済性の観点から評価する方法を検討したが、バイオマスの利活用事業には、事業性評価式①のB3（波及効果）で表わされる間接効果を期待して実施されるものも多い。これらは、従来の処理方法に代わる、より環境に配慮した処理や、未利用物の新たな再資源化によって、経済性（コスト）以外の目的の達成を目指すものである。したがって、これらの事業においては、経済性以外の目的の評価も重要となる。これらの目的には通常複数の設定が可能であり、地域おこし、環境改善、化石エネルギー消費量削減、CO_2排出量削減など、様々である。そして、これらの効果が新た

な利活用の効用（実効性）として期待され、その総和が最終的にＢ３（波及効果）の評価となる。したがって、複数の目標設定に対する評価が可能であり、また必要でもあるが、ここでは代表例として、現在注目されているバイオマスのエネルギー利用の実効性を考える。

　バイオマス利活用事業においてエネルギー利用が実効性を持つのは、利活用の結果、従来の処理（利用）に比べて新たに正味のエネルギーが生み出されるか、または従来の処理に消費されていたエネルギーを削減できるかでなければならない。したがって、評価式にはエネルギー消費・生成に関連する様々な項目が含まれることになるが、その取り上げ方は、対象バイオマスと利用環境に応じて適切な項目を選び、実態を表す式を設定しなければならない。ここでは次式④を実効性評価式として設定し、例としてメタン発酵について考えることとする。また、他のバイオマスの事例でも、評価目的によって適宜項目を読み替えたり、項目を増減したりすることで同様に評価することができる。

$$E1 + E2 + E3 < F1 + F2 \quad \cdots\cdots 式④$$

■左辺
　Ｅ１：対象バイオマスの収集に要するエネルギー（例：生ごみの収集車の燃料消費など）
　Ｅ２：上記バイオマスの利活用（転換）に要するエネルギー（例：メタン発酵設備の運転に要するエネルギーなど）
　Ｅ３：副産物の処理に要するエネルギー（例：メタン発酵後の消化液の処理に要するエネルギーなど）

■右辺
　Ｆ１：従来のバイオマスの収集・処理に要したエネルギー（例：生ごみの収集・焼却に要したエネルギーなど）
　Ｆ２：利活用によって生み出されるエネルギー（例：メタン発酵で生み出されるエネルギーなど）

　このエネルギー項は、CO_2など他の要素の付加、あるいは別項への置き換えも可能であり、例えばCO_2の排出削減効果の評価では、削減する化石

■図6　実効性評価式⑤式の簡略図

収集エネルギー ＋ 転換エネルギー ＋ 副産物処理エネルギー ＜ 従来の廃棄物収集・処理エネルギー ＋ 発生エネルギー

エネルギーの種類ごとのCO_2排出量を評価し、電力は発電効率を勘案することで評価することができる。

一方、木質バイオマスの場合は、歴史的に人類が依存してきたエネルギーであり、従来から薪炭として利用されてきた。したがって、実効性評価式④のＦ１（従来の廃棄物収集・処理エネルギー）は不要であり、できるだけ左辺を小さく、右辺（Ｆ２：発生エネルギー）を大きくしなければならない。この判断基準は、消費地域における需要にいかに効率良く対応できるかを優先しなければならない。つまり、変換効率の高い熱利用を優先し、コジェネレーション（熱電併給）の場合も熱需要を優先すべきである。また、高度な変換による液体燃料製造や栽培系バイオマスなどについては、地域の需要を最優先した上で、厳密にエネルギー収支を精査し、エネルギー生産効率を検証することが必要である。汎用的で高度なエネルギー利用ほど規模の効果が大きいため、化石エネルギーに比べて規模を大きくできないバイオマスは、地域需要に対応する利活用が原則でなければならない。

事業の成功の要因と失敗の要因

以上述べたような検討事例において、継続性のある事業として成功しているバイオマス利活用事業では、事業性評価式①が何らかの形で成立しているものと考えられる。しかし、量的にも質的にも多種多様のバイオマスの利活用について、事業性評価式①の成立要件を一般的に表現することは難しい。したがって、次項で個別のバイオマス利活用事業に対して事業性評価式①の各項を評価・検討し、その成立要件を論考することとし、ここでは成功と失敗と判断される事例に共通する要因を抽出する。

（１）成功事例の共通要因

①目的設定が明確で、組織の事業方針と一致していること。これによって、

利活用事業の方針がぶれず、継続的取り組みが可能となる。
②バイオマス利活用による組織全体の総コスト削減もしくは他の事業への展開を、経済的効果と間接的効果（波及効果）として明確に評価していること。
③原料バイオマスの安定供給と生産物の用途（販路）を確保し、供給量にあった設備規模を把握していること。
④国などの支援制度と既存インフラを活用して投資コストを削減していること。
⑤対象バイオマスの特性と生産物の用途（需要先）を理解し、かつ、自分らで十分運営できる適切な技術・設備を選定していること。
⑥バイオマスの利活用による農林業などの一次産業の活性化、地域おこし、まちづくりなど、地域全体の取り組みとして直接の生産物以外にも価値の創出を図っていること。企業においては、環境活動などを通してイメージアップ戦略に活用していること。

（2）失敗事例の共通要因

失敗とみなさざるをえない事例としては、計画通りに設備が稼動していない、あるいは経済状況の変化で継続できなくなったなど、事業性評価式①が成立しなくなったケースや、実効性評価式④から見て実効性に疑問があるケースがある。これらのケースでは、特に原料供給の安定性と利活用技術の選定に、以下の重大な欠陥が見いだされる。

①希望的観測で、収集できるバイオマス量を過大に見積もった結果、設備のコストアップと稼働率の大幅な低下をもたらした。
②利活用（転換）技術の評価能力の不足により、実用性が判断できず、高度な（未完成の）技術あるいは過剰性能の設備を選択した。

これらは、国の委託や補助事業を活用した自治体の事業で目立つ事例である。バイオマス利活用事業の多くは、設備設置などの初期投資に国の委託や補助事業を活用しているのが現実であるが、これらに採択してもらうため、新規性や効果を過剰に強調していることが原因になっている。これは、実験室規模の技術と実用技術の差を認識できず、新規性を求めるあまり現実と乖

離し、間違った判断を下したケースである。

　今後、バイオマスの利活用の推進に当たっては、このような失敗を避けるため、式①〜④に関してできるだけ確度の高い数値を用いた定量的な事前評価が必要である。

事業成立に向けて
　現在、バイオマス利活用の取り組みで継続的な事業として成立しているのは、民間では廃棄物系バイオマスの大量排出者か、逆有償で処理する事業である。これらは、現在の廃棄物処理システムの中に位置づけられ、従来の処理費（Ｂ１）が大きいために事業性評価式①が成立しているケースである。一方、自治体やNPOなどの取り組みでは、従来の事業の代替以外に、地域おこしなどの役割が期待されており、必ずしも経済性のみで事業が行われるわけではなく、事業性評価式①では間接的な波及効果（Ｂ３）の評価によって式が成立すると判断されるケースもある。しかし、何に波及効果（Ｂ３）を求めるかは事業目標の設定に依存するため、目的の設定が重要となる。したがって、現在の経済システムの中で成立しないケースに地域力を動員して、また政策的誘導などでいかに波及効果（Ｂ３）を高めて競争力を与え、事業性評価式①を成立させるかが、バイオマス利活用の推進に求められる大きな課題である。これによって、図７に示すようなコスト構成を実現する必要がある。

　一方、事業の実効性においては、エネルギー利用の例では、できるだけ事業の実施場所において効率の良い利用法を採用するべきであり、適切に設定した式④が成立しないような事業は、バイオマス利活用の目的に反するため基本的には実施すべきでなく、できるだけ左辺を小さく右辺を大きくできる他の利活用法を採用しなければならない。

　通常、事業性評価式①とその詳細を検討する式②〜③、実効性を検討する式④の各項目の個々の値は、地域の事情によって、また利活用の目的によって表現が異なってくるため、一般論として定量的に評価することは現状では困難である。しかし、バイオマスの利活用が継続的事業として成立し、費用

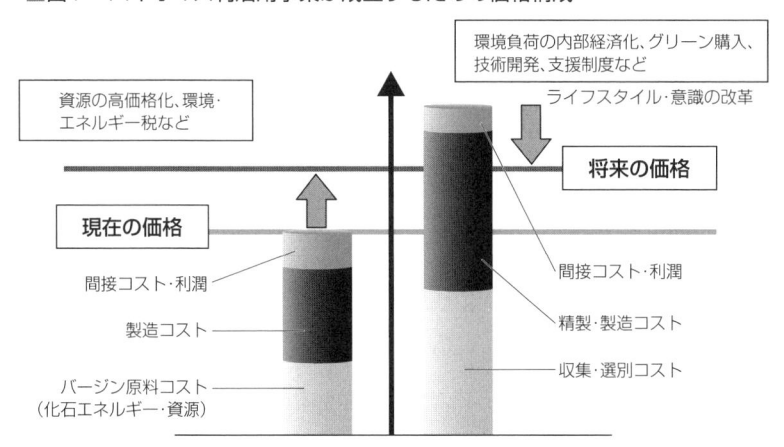

■図7 バイオマス利活用事業が成立するための価格構成

対効果として実効性を持つためには、少なくともこのような事前評価を定量的に実施していかねばならない。

また、単に経済性だけでは事業として成立しないケースが多いバイオマスの利活用を地域に根づかせるには、今回一例として式④で代表させた実効性の評価を、事業性評価式①の波及効果（B3）に反映していくことが重要な課題となる。そのためには、産学官、農工分野の専門家が連携して検討することが有効であり、特に転換技術・設備の選定にはメーカーのみに依存するのではなく、外部の実際のプラント建設・運営の経験を有する専門家による厳しい技術・経済性の客観的な事前評価を行う必要がある。さらに、これらの技術と事業を評価できる能力と、事業化につなげるまでの意志と実行力を持った人材を、事業主体として育成することが極めて重要である。

4 バイオマス利活用事業の事業性（経済性）評価事例

ここまで、代表的なバイオマスとその利活用技術として、生ごみと家畜排せつ物などについてはメタン発酵を、木質バイオマスについては固形燃料化や直接燃焼、ガス化を選び、その事業化について述べた。ここではこれらの事業について、前項で述べた考え方に基づき、その事業性（経済性）の成立

要件について、前述の事業性評価式①（以下に再掲）を用いて検討する。

　Ａ１（収集コスト）＋ Ａ２（転換コスト）＋ Ａ３（副産物処理コスト）
　＜ Ｂ１（従来の収集・処理コスト）＋ Ｂ２（収益）＋ Ｂ３（波及効果）

……事業性評価式①

湿潤バイオマスのメタン発酵事業の事業性

　メタン発酵技術には湿式と乾式があるが、事業化されているのは湿式であり、生ごみや家畜排せつ物ばかりでなく、下水汚泥、食品残さなどのいずれの湿潤バイオマスにも適用されている。生成するバイオガスは、50～60％のメタン（残りはCO$_2$、若干のH$_2$Sなどを含む）を含む中カロリーガスであり、ガスエンジンで発電を行い、排熱をメタン発酵槽の加熱に利用するのが一般的である。一方、自治体と民間では、メタン発酵処理の対象物及び導入の目的が異なることから、以下、自治体と民間の事業に分けて議論する。

自治体のメタン発酵事業──生ごみ

　自治体のメタン発酵設備の導入事例としては、大きく分けて生ごみと下水汚泥のケースがあり、前者は中小規模の自治体に、後者は大都市圏の自治体に多い。

　自治体のメタン発酵設備導入の主目的は、従来の焼却処理、埋め立てに代わる生ごみの再資源化である。メタン発酵の技術的課題は、入口側では異物の混入を防止して性状の安定した一定量の原料供給を確保し、出口側では副産物である消化液と消化残さをいかに利活用するかである。消化液は液肥として、消化残さは堆肥として利用できるが、用途の確保は容易ではなく、消化液の利活用ができない場合の排水処理は大きな負担となる。メタン発酵設備の運営には一定以上の規模と運転要員が必要であり、設備及びメンテナンスコストも大きい。また、メタン発酵設備は、焼却炉の更新時期に導入するケースが多い。以下、これらの事情を踏まえて事業性評価式①を以下のように書き直し、左辺と右辺に分けて考察する。

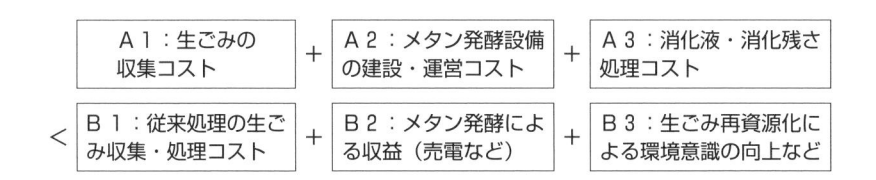

Ａ１：生ごみの収集コスト	＋	Ａ２：メタン発酵設備の建設・運営コスト	＋	Ａ３：消化液・消化残さ処理コスト
＜				
Ｂ１：従来処理の生ごみ収集・処理コスト	＋	Ｂ２：メタン発酵による収益（売電など）	＋	Ｂ３：生ごみ再資源化による環境意識の向上など

生ごみメタン発酵の事業性評価式①の左辺

（Ａ１：収集コスト、Ａ２：転換コスト、Ａ３：副産物処理コスト）

事業性評価式①の左辺のＡ１は対象とする生ごみを収集するコストである。したがって、従来から発生していたコストであり、右辺Ｂ１（従来の収集・処理コスト）の一部である。メタン発酵の場合、焼却に比べて高度の分別が必要となるため、Ｂ１から生ごみのみの収集・処理コストを分離して直接Ａ１（収集コスト）と比較評価することは難しい。そこで、ここではいかにＡ２（転換コスト）とＡ３（副産物処理コスト）を小さくし、Ｂ２（収益）とＢ３（波及効果）を大きくできるかが、まず対応すべき課題と考えられる。

また、収益式②と波及効果式③（61ページ参照）におけるＢ22（対象バイオマスから製品への転換率）は、廃棄物処理の観点から、確実に発生量を処理できる値でなければならず、制約条件として次式⑤の成立が前提となる。

Ｂ22（設備の処理能力 × 稼働率） ＞ 発生量 ……式（転換率式⑤とする）

また、原料生ごみへの異物混入防止、つまり分別の徹底は、転換率式⑤成立に大きく影響するのみでなく、設備の建設・運営費であるＡ２（転換コスト）の増大にもつながる。したがって、原料生ごみの分別精度が、事業性を左右することになる。一方、分別回収によって収集の回数が増加するなど、単位量あたりのＡ１（収集コスト）の増大が見込まれるが、その増大は住民の協力などによって極力抑えなければならない。

Ａ２（転換コスト）は、対象とする生ごみをメタン発酵処理するコストであり、大きくは設備の建設とランニングのコストに分けられ、前者はさらに前処理設備、メタン発酵設備、発生したバイオガスの利用設備（発電設備）などに、後者は運転要員などの人件費、設備の維持・補修費（メンテナンスコスト）などに分けることができる。このＡ２は、メタン発酵処理の主要な

コストであり、通常は設備建設には補助金などが活用される。この設備の範囲は、原料の分別の精度・方法によって、異物除去など前処理設備の必要性・能力の影響を受け、これはメンテナンスコストにも大きく影響する。したがって、分別の徹底は、Ａ２（転換コスト）の低減や生成物の量Ｂ２（発電による収益など）の増大に極めて重要である。

　Ａ３（副産物処理コスト）は、利活用後の副産物（消化液、消化汚泥）の処理コストであり、一般的には消化液の利用・処理と消化汚泥の利用・処理に分けられる。ここで、消化液、消化残さを有効利用してＡ３をいかに小さく、できればマイナス（販売して利益を得る）にできるかが、事業性（経済性）を大きく左右する。消化液は成分的には液肥として利用できるが、現実には需要がなく、需要を作り出すことが重要となる。一方、液肥として利用できず、水処理が必要な場合、排水処理設備（場合によっては、全設備の３分の１にもなる）の建設、ランニングコストが発生する。したがって、Ａ２（転換コスト）、Ａ３（副産物処理コスト）が大幅に増大し、メタン発酵利用の経済性がなくなる重大な要因となる。また、消化汚泥は堆肥として利用可能であるが、堆肥の販路が確保できない場合、生ごみ中のメタン発酵処理に適さない異物とともに産業廃棄物として外部処理や焼却処理が必要となり、Ａ３（副産物処理コスト）のさらなる増大につながる。つまり、Ａ３は副産物の処理によって、プラスにもマイナス（利益）にもなるが、一般的に大きな負担となっているケースが多い。

　実際の事業性の事前評価においては、対象生ごみの質と量、地域的特性に応じてＡ１（収集コスト）、Ａ２（転換コスト）、Ａ３（副産物処理コスト）について、それぞれ細分した項目ごとに評価して、左辺を小さくする取り組みが重要となる。

生ごみメタン発酵の事業性評価式①の右辺
　　　　　　　（Ｂ１：従来の収集・処理コスト、Ｂ２：収益、Ｂ３：波及効果）
　右辺のＢ１（従来の収集・処理コスト）は、メタン発酵設備導入前の従来の収集・処理コストであり、（Ａ１：収集コスト＋Ａ２：転換コスト）に対

応する。一般に、従来の生ごみ処理として焼却処理がなされてきており、この場合Ｂ１（従来の収集・処理コスト）は収集コストと焼却コストで構成される。ここで、後者は焼却炉の建設・運転と焼却灰の処理コストを含む。したがって、焼却炉の新設を考える場合、焼却処理コストがメタン発酵処理より高コストで（Ａ１＋Ａ２＋Ａ３）＜Ｂ１の式が成立することもありうるが、この場合生ごみ以外のごみ処理をどう評価するか、つまりＢ１（従来の収集・処理コスト）にどこまで含ませるかが課題である。前述のように生ごみの分別の程度、回収の頻度、残った廃棄物の処理などが影響し、従来の処理方法の違いによって異なってくるため、自治体の現状に合わせて決定する必要がある。

　Ｂ２（収益）は、生成物による収益である。ガスエンジンによる発電を行う場合、生成物は電力であり、自家消費分はＡ２（転換コスト）の低減となり、売電できれば収益となる。また、消化液が液肥として、消化汚泥が堆肥として販売できるのであれば、これらも収入として計上できる。ただし、堆肥化のコストとの関係でＡ３（副産物処理コスト）として取り扱うことも可能である。さらに、これらの生産量は原料バイオマスの変換効率、設備稼働率に依存するため、詳細は収益式②を用いて算出され、生産物それぞれの単価と生産量との積の和でＢ２（収益）が得られる。

　Ｂ３（波及効果）は、間接効果の価値である。生ごみの資源化は、循環型社会実現に向けた国の施策に則った環境活動の一環に位置づけられ、単純なコスト計算のみで実施されるわけではない。したがって、事業性評価式①の成立にはＢ３をいかに評価するかが極めて重要である。基本的には、生ごみの焼却に伴う補助燃料や生ごみ自身の燃焼に伴うCO_2発生量の削減や、住民の環境意識の向上など、さらにはメタン発酵施設を核とした資源循環による地域活性化など、様々な因子が考えられ、それぞれの積算値を評価することになる。つまり、資源循環社会、低炭素社会への取り組みとしてバイオマス利活用を位置づけ、Ｂ３（波及効果）の効果を大きく評価できる実効性のある事業であるほど、その事業性を主張できることになる。

生ごみメタン発酵の収益式②、波及効果式③、転換率式⑤

事業性評価式①の右辺の大きさを決める B2（収益）、B3（波及効果）については、それぞれ収益式②、波及効果式③で評価することになる。また、転換率式⑤は自治体のメタン発酵設備として満足すべき前提である。ここで、B21（利活用後の生成物の価値）は、生成物であるバイガス中のメタン濃度が高いほど、硫化水素のように処理が必要な不純物の濃度が少ないほど大きく、原料組成の影響が大きい。一方、B22（対象バイオマスから製品への転換率）は、設備稼働率及び製品転化率に依存し、両者ともメタン発酵方式と原料組成と異物の含有量で決まる。したがって、これらについて信頼できる技術、メーカー情報を把握しておく必要がある。

一方、間接効果 B31（波及効果）は、住民のメタン発酵への関心で決まり、これは環境意識の大きさに依存し、自治体の普及・啓発活動の成果が影響する。写真1に、自治体の生ごみを対象としたメタン発酵施設の例を示す。

写真1：生ごみのメタン発酵設備（日田バイオマス資源化センター）。上から、生ごみの搬入状況、投入口、メタン発酵槽

写真2:下水処理場のメタン発酵設備とバイオガス利用試験(神戸市東灘下水処理場)。左上=メタン発酵槽、右上=ガス精製装置、左下=精製ガスを車両燃料に利用

自治体のメタン発酵事業──下水汚泥

　自治体のメタン発酵事業としては、大規模な下水処理場に、活性汚泥の減量とエネルギー回収を目的にメタン発酵設備が導入される事例も多い。一般に、下水汚泥のメタン発酵は大都市圏で実施され、生ごみに比べて大規模な施設が多い(写真2)。ここで、事業性評価式①で考えると、下水処理場では収集の必要はなくＡ１(収集コスト)はコスト要因とはならない。また、下水処理では活性汚泥法で発生する余剰汚泥が原料となるため、副産物である消化汚泥は原料汚泥より大幅に少なくなり、消化液は下水処理ラインに戻すことができるためＡ３(副産物処理コスト)＜Ｂ１(従来の収集・処理コスト)が成立する。この関係を表せば、下図のようになる。

```
  ┌─────────────────────┐   ┌─────────────────────┐
  │ А２：メタン発酵設備 │ ＋│ А３：消化残さ処理コスト │
  │ の建設・運営コスト  │   │                     │
  └─────────────────────┘   └─────────────────────┘
＜┌─────────────────────┐ ＋┌─────────────────────┐ ＋┌─────────────────────┐
  │ Ｂ１：活性汚泥処理  │   │ Ｂ２：メタン発酵による収│   │ Ｂ３：エネルギー回収に│
  │ コスト              │   │ 益（売電、燃料ガスなど）│   │ よるＣＯ₂排出量削減など│
  └─────────────────────┘   └─────────────────────┘   └─────────────────────┘
```

ここで、 Ａ３：消化残さ処理コスト ＜ Ｂ１：活性汚泥処理コスト である。以上述べたように、下水汚泥のメタン発酵の場合は、いかにメタン発酵設備の設置・運営コストＡ２（転換コスト）を低減できるかが鍵であり、補助金などの活用の効果が大きい。また、下水汚泥は生ごみに比べてバイオガスの発生量が少ないものの、活性汚泥法による下水処理は電力消費が大きいため消費電力の低減効果（Ｂ２：収益）があり、試験的に始まっている、発電を伴わない天然ガス代替燃料としての利用もＢ２（収益）となる（写真２）。さらに、汚泥からのエネルギー回収と汚泥焼却量の大幅低減によるＣＯ₂削減などがＢ３（波及効果）として大きく評価され、経済的効果とともに環境効果として事業性評価式①が成立しやすくなる。

自治体のメタン発酵事業——家畜排せつ物

家畜排せつ物は、従来そのほとんどが堆肥として利用されてきたが、水環境汚染や堆肥利用の限界（農地の窒素過剰）などから、新たな利活用法としてメタン発酵処理が導入されている。そこで、以下、事業性評価式①で検討する。

メタン発酵処理では、ある程度の設備規模が必要であることから、一般の畜産農家を対象とする場合、その家畜排せつ物を収集しなければならずＡ１（収集コスト）が大きく、設備も高価であるためＡ２（転換コスト）も大きくなる。また、消化液、消化残さの利用には耕種農家の協力が必要であり、Ａ３（副産物処理コスト）も発生すると考えられる。したがって、式の表現は生ごみと同じであり、一般的な農家では左辺（Ａ１＋Ａ２＋Ａ３）の負担は困難である。一方、右辺から見ても、従来堆肥化されているとすれば、それほどコストをかけて処理されておらず、Ｂ１（従来の収集・処理コスト）

は小さい。バイオガスの発生量も生ごみに比べて少ないため、生成物によるＢ２（収益）も生ごみより小さい。したがって、家畜排せつ物のメタン発酵事業で事業性評価式①の成立は生ごみに比べて難しく、事業化のケースは、堆肥化における製造工程での悪臭や水汚染などの環境問題の解決法として、自治体がＢ３（波及効果）を大きく評価する観点から実施することになる。しかし、消化液と消化残さの処理Ａ３（副産物処理コスト）が大きい場合、単独での事業化は難しく、生ごみとともに受け入れている場合が多い。

民間企業のメタン発酵事業

民間企業でメタン発酵事業に成功しているケースは、大規模な牧場で消化液、消化残さを肥料として自家利用できている場合や、安定した品質の湿潤バイオマスが一定量排出され、排水処理設備をすでに設置していた大規模なビール工場や食品加工工場などである。これらは間接効果Ｂ３（波及効果）がなくても事業性評価式①が成立している。

これらの牧場や工場では、一定の性状の廃棄物系バイオマスが安定して発生するためＡ１（収集コスト）は発生しない。また、Ａ３（副産物処理コスト）も、牧場などで自家消費する場合は肥料の削減効果でコストを低減できる。また、工場の場合は一般に排水処理施設は既存であり、Ａ３（副産物処理コスト）を小さくできる。したがって、設備の導入に政府などの補助を活用し、Ａ２（転換コスト）を小さくできれば、従来の廃棄物処理コストに相当するＢ１（従来の収集・処理コスト）とバイオガスによる発電・熱利用Ｂ２（収益）によって、Ａ２＋Ａ３＜Ｂ１＋Ｂ２が成立し正味の利益になる。また、ＣＳＲ報告書などで廃棄物ゼロ工場を宣伝し、企業のイメージアップを図ることで、Ｂ３（波及効果）も期待できる。しかし、民間企業の取り組みとしては、Ｂ３がなくても下記の事業性評価式①が成立する体制の構築が求められる。

| Ａ２：メタン発酵設備の建設・運営コスト | ＜ | Ｂ１：従来の廃棄物処理コスト | ＋ | Ｂ２：電力・燃料などの用益費削減 |

一方、単独でメタン発酵設備を導入している大きな焼酎メーカーもあるが、個々の企業では廃棄物の発生量が少なく、事業性評価式①が成立しないケースも多い。そのため、焼酎メーカーが連携して組合を結成し、焼酎かすのメタン発酵を事業化している。これは、焼酎かすの海洋投棄が禁止され、結果的にＢ１に相当する従来の廃棄物の処理コストが大幅に大きくなり対応が困難になったため、各メーカーがＡ１（収集コスト）を負担し、設備への補助金によってＡ２（転換コスト）を小さくすることで、事業が十分成立する状況が生まれているためである。

木質バイオマスの直接燃焼、ガス化、固形燃料化
　木質バイオマスは、保有熱量も大きく、保管も可能で最も利活用が期待されるバイオマスである。これらは、林地残材などの未利用系と、建設廃材・製材端材のような廃棄物系に分類され、両者では事業性評価式①におけるＡ１（収集コスト）が大きく異なる。一方、利活用事業としては、直接燃焼、ガス化によるエネルギー利用の事業と、チップ、ペレットなどの中間製品として固形燃料を製造する事業に大別され、前者は比較的大規模、後者は小規模でも可能と考えられる。そこで、ここでは利活用事業のそれぞれについて、事業性評価式①を用いて検討し、収益式②、波及効果式③、転換率式⑤についてはまとめて論考する。

直接燃焼による熱利用・発電・コジェネレーション（熱電併給）
　現在、木質バイオマス利活用で継続的な事業として成立しているケースは、直接燃焼による熱利用や発電事業のみであり、バイオマス利活用事業としては大規模なものである。したがって、木質バイオマスの燃焼利用の場合は、事業性評価式①は次式で表される。

	Ａ１：木質バイオマスの収集・搬出コスト	＋	Ａ２：ボイラー・発電設備の建設・運営コスト	＋	Ａ３：副産物（燃焼灰）処理コスト
＜	Ｂ１：樹皮などの廃棄物処理コスト	＋	Ｂ２：用益費削減（燃料・電力）・売電収入など	＋	Ｂ３：バイオマス利用・廃棄物削減によるPR効果など

木質バイオマス燃焼利用の事業性評価式①の左辺

　　　（Ａ１：収集コスト、Ａ２：転換コスト、Ａ３：副産物処理コスト）
　Ａ１（収集コスト）は、木質バイオマスの収集・搬出コストであり、建設廃材、製材端材などの廃棄物系木質バイオマスでは発生しないとみなすことができ、建築廃材は逆有償で取り扱える場合（廃棄物処理事業）は利益を生む。

　一方、林地残材などの未利用バイオマスでは、林地からの収集・搬出のコストＡ１（収集コスト）が著しく大きく、事業性評価式①が成立しない主な要因となっており、Ａ１を小さくすることが最大の課題といえる。このＡ１を構成するコスト要因としては、間伐、残材の収集、土場までの運搬、利活用施設までの運搬などが考えられるが、間伐はバイオマス利用と関係なく、森林保全・林業振興事業として別の補助金で実施されると考えれば、収集・搬出に係るコストの削減が解決すべき課題である。そのため、山の持ち主が自主的に残材を搬出する動機づけとして一定の価格でＣ材（曲がり材など）などを購入する仕組みがつくられ、一方では本格的な素材生産（間伐を含む）と同時に端材などを搬出することによってＡ１（収集コスト）の低減を目指す試みもなされている。

　Ａ２（転換コスト）は、収集された一定量の木質バイオマスの利活用（転換）コストであり、直接燃焼発電であれば、燃焼炉（ボイラー）・発電設備などの設置コストとランニングコストが大きな値となる。したがって、林地残材のＡ１（収集コスト）を除けば、このＡ２（転換コスト）が左辺の大半を占めることになる。しかし、蒸気タービンを用いた発電では、小規模では極めて効率が低いため、できるだけ大規模な設備とすることが求められる。そのため、数千～１万数千kW程度の

写真３：林地残材

木質バイオマス専焼発電所が運営されており、Ａ２（転換コスト）が大きくなるとともに原料の安定供給が制約条件となってくる。

一方、蒸気・温水としての熱利用であれば、小規模であってもエネルギー的に効率的な利用が可能であり、通常はチップボイラーあるいはペレットボイラーによって利用される。この場合、前者の方がＡ２（転換コスト）は小さい（理由は後述）が、いずれにしても発電に比べればＡ２は大幅に小さくなる。また、コジェネレーション（熱電併給）の場合も、熱需要に合わせた設備設計を行わないとＡ２（転換コスト）の大きさの割に効果（Ｂ２：収益）が小さくなる。

写真４：木質バイオマス専焼発電所（(株)日田ウッドパワー）。上＝ボイラー（バイオマス約10万ｔ／年）、下＝蒸気タービン（出力１万2,000kW）

Ａ３（副産物処理コスト）については、直接燃焼の場合、副産物は燃焼灰（木灰）であり有効利用できるため、また廃棄物として処理しても発生量が小さい（原料の数％）ためＡ３は相対的に小さくなり、ほとんど無視できる。

木質バイオマス燃焼利用の事業性評価式①の右辺

（Ｂ１：従来の収集・処理コスト、Ｂ２：収益、Ｂ３：波及効果）

Ｂ１（従来の収集・処理コスト）は木質バイオマスの従来の処理コストであり、林地残材の場合、放置されているためＢ１の発生はないと考えられる。

一方、建設廃材、製材端材やバークなどの場合、これらの処理のためにＢ１（従来の収集・処理コスト）が発生する。現在、木質バイオマスの利活用事業が成立しているのが、建設廃材などの廃棄物系バイオマスが中心であるのは、Ａ１（収集コスト）の発生がないことに加えて、このＢ１（従来の収集・処理コスト）が大きいことによって事業性評価式①が成立しているためである。したがって、Ａ１（収集コスト）の大きさとともにＢ１（従来の収集・処理コスト）が評価できない林地残材では、事業性評価式①の成立が非常に難しい。

　Ｂ２（収益）は、木質バイオマスの利用による収入であり、製品（生産物）はボイラーによる熱利用（蒸気、温水）か、さらにボイラーと蒸気タービンによる発電である。これによって用役費（化石燃料、電力消費）の削減、あるいは売電による収益が図られる。しかしながら、化石燃料価格が高騰している現在でも、Ｂ２（収益）のみの評価では、依然、経済性と利便性で化石エネルギーに対して競争できないことに留意しなければならない。また、FIT制度の活用についても、長期的視点が必要である。

　Ｂ３（波及効果）は、間接効果の価値であるが、建設廃材、製材端材などの廃棄物系木質バイオマスの場合は、廃棄物の資源化、化石燃料・電力使用量の削減とそれに伴うCO_2排出量削減が評価対象となる。これは、自治体、企業のイメージアップとともに、カーボンオフセットによるクレジットなどが本格的に普及すれば、定量的に金額として評価できるようになるであろう。一方、林地残材であれば、さらに森林による国土保全、水源涵養、CO_2吸収源などが追加される。また、森林浴など、市民活動の場としての森林の利活用効果もＢ３（波及効果）として評価されるであろう。したがって、事業性評価式①の成立のためには、これらＢ３（波及効果）に対してできるだけ大きな対価を与えることが重要である。しかし、これらは直接数値に換算できる客観的価値ではないため、その大きさは評価者の考えに依存し、定量的な評価法の開発が課題であるが、今後CO_2吸収・削減効果はＢ３（波及効果）の大きな要素であり、地域力もＢ３を評価することで利活用を推進する大きな力となることが期待される。

ガス化による発電及び液体燃料の合成など

　小規模の蒸気タービン発電は極めて効率が悪いため、木質バイオマスをガス化あるいは乾留して燃料ガスを製造し、小規模でも20～30％の発電効率が得られるガスエンジンによる発電が試みられている。この場合、事業性評価式①の左辺のＡ１（収集コスト）、Ａ３（副産物処理コスト）は、直接燃焼発電と同様であるが、Ａ２（転換コスト）を構成するのは、ガス化装置、ガス精製装置（タール除去）とガスエンジンが主なものとなる。ガス化炉には固定床、流動床、ロータリーキルンなどの各種方式があり、それぞれガス化発電方式として開発され実証試験も行われている。しかし、これらの中には装置としての完成度が低く、運転性に問題があるものもある。

　右辺については、小型で効率的な発電が謳い文句であるが、費用対効果で見ればＢ２（収益）の増加以上にＡ２（転換コスト）が増加するケースもあり注意が必要である。また、事業としては論外であるが、技術的な問題で所定の性能を発揮できないケースや、技術はできてもＡ２が大きくコスト的に事業が継続できないケースもある。

　利活用のコストＡ２（転換コスト）は、生成物収入Ｂ２（収益）に見合うものでなければならず、高価なガス化装置（Ａ２）で電気（Ｂ２）を少量つくっても経済性はなく、さらに稼働率（Ｂ22）が低ければ事業性評価式①での評価以前の問題である。特に設備稼働率（Ｂ22）やメンテナンスコストは、利活用（転換）技術の完成度とユーザーの習熟度に依存し、それが低ければＡ２（転換コスト）を増大させる一方で右辺が極端に小さくなる。したがって、利活用方法はユーザーが対応できる技術と設備でなければならず、注意が必要である。国の委託や補助事業でガス化発電設備を導入しＡ２（転換コスト）を小さく（全額あるいは半額の国負担など）したものの、補助金が止まった途端、運転費用などのＡ２（転換コスト）のコスト負担が大きく事業継続が困難となった事例などはこのケースであり、事前の技術選定と事業性評価の失敗例といえる。

　また、ガス化剤に酸素を使って合成ガス（ＣＯ、H_2）をつくり、メタノールやガソリンなどを合成する技術も開発されているが、いまだ実用化段

階とはいえ、Ｂ２（収益）に比べてＡ２（転換コスト）が非常に大きくなる現状では事業性評価式①は成立しない。本来、地域資源と位置づけられるバイオマス利活用で、そもそも生産物に品質が重要となるこのような利活用の必要性があるかどうか、実効性の観点から実効性評価式④などを用いて精査しなければならない。

ペレットなど、固形燃料の製造

バイオマスの特長は、地域エネルギー資源を利活用できることであり、そのため木質バイオマスの利活用として、チップやペレットの製造・販売、燃料利用が注目されている。特に、ペレットは扱いやすい固体燃料として、自治体の温浴施設や、家庭でのストーブの燃料として期待されている。この場合、事業性評価式①は以下のように表される。

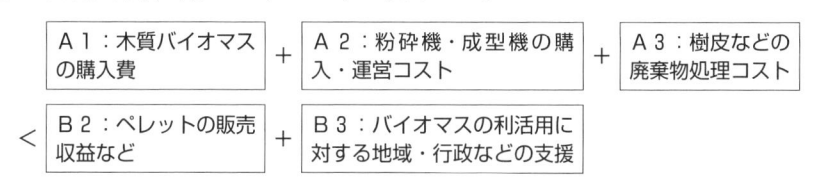

Ａ１：木質バイオマスの購入費 ＋ Ａ２：粉砕機・成型機の購入・運営コスト ＋ Ａ３：樹皮などの廃棄物処理コスト

＜ Ｂ２：ペレットの販売収益など ＋ Ｂ３：バイオマスの利活用に対する地域・行政などの支援

木質ペレットの製造事業では、事業性評価式①の左辺のＡ１（収集コスト）は原料である原料バイオマスの購入費であり、Ａ２（転換コスト）は粉砕機、成形機の購入と製造（ランニング）コストである。購入原料が製材端材などであればＡ３（副産物処理コスト）は発生しないと考えられるが、原料とする木質バイオマスの種類によっては、バークや不良品によってＡ３が発生する場合がある。この場合、Ａ３は可能な限り小さくする必要がある。

事業性評価式①の右辺のＢ１（従来の収集・処理コスト）は存在せず、Ｂ２（収益）は販売価格で表され、（Ａ１＋Ａ２＋Ａ３）＜Ｂ２でなければならない。しかし、この式の成立は容易ではない。

一方、製材所の場合、原料は自社の製材端材や製材屑であり、Ａ１（収集コスト）は発生せず、オガ粉やプレナー屑の場合、上記のケースより粉砕負荷が小さくＡ２（転換コスト）も小さくなる。また、製材屑が廃棄物として

写真5：ペレット成型機（宍粟市提供）

処理されていたのであれば、その費用がＢ１（従来の収集・処理コスト）である。したがって製材所などが自社で発生する製材端材、製材屑を原料としてペレットを製材する場合、事業性評価式①が成立しやすくなる。

一方、チップはＡ２（転換コスト）を構成するのがチッパーとそれによるチップ製造であり、ペレットに比べて事業性評価式①が成立しやすい。しかしながら、ペレット、チップのいずれにしても、原料の供給と製品の販路の確保が死命を制する要素である。

また、購入者の立場で事業性評価式①を用いると、ペレット購入価格Ａ１が、家庭の場合は灯油価格、温浴施設などであればＡ重油の価格であるＢ１（従来の燃料価格）より安くなければならない。また、ペレットストーブの価格Ａ２は石油ストーブなどに比べて大幅に高価である。したがって、現実には消費者の環境意識や好みによる高コストの負担、自治体の補助などによって成立しているケースもあり、この場合、間接効果Ｂ３（環境効果）の評価で成立しているとも考えられる。また、地域資源活用や環境対策として、木質バイオマスの利用促進を図るため、自治体からの補助金Ｂ３（波及効果に相当）が見込める場合もある。しかし、ストーブなど、Ａ２（購入費）への補助はともかく、持続的に利用されるためにはペレット購入価格Ａ１が灯油（Ａ重油。Ｂ１に相当）より安価になることが望まれる。なお、ペレット利活用については、次章でさらに詳細に検証する。

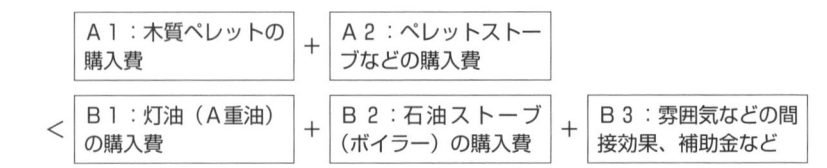

	Ａ１：木質ペレットの購入費	＋	Ａ２：ペレットストーブなどの購入費		
＜	Ｂ１：灯油（Ａ重油）の購入費	＋	Ｂ２：石油ストーブ（ボイラー）の購入費	＋	Ｂ３：雰囲気などの間接効果、補助金など

木質バイオマス利活用の収益式②、波及効果式③、転換率式⑤について

　木質バイオマスの場合、事業性評価式①の右辺のＢ２（収益）、Ｂ３（波及効果）については、直接燃焼による熱利用ではボイラー、発電・コジェネレーション（熱電併給）ではさらに蒸気タービンとこれらの付帯設備で構成される。これらの機器・設備には多くの実績がある。したがって、その性能と稼働率は、メーカーと機器仕様の選定が適切であれば、計画時の設定値Ａ２（転換コスト）が大きく増大することは少なく、収益式②、波及効果式③、転換率式④の評価にも問題はないであろう。それによって、目的としたＢ２（収益）、Ｂ３（波及効果）が得られ、実効性として評価に耐えるものができると考えられる。

　一方、ガス化による発電あるいは液体燃料などの合成については、まずバイオマスに適用できる規模のガス化装置の多くは開発段階であり、計画時のＡ２（転換コスト）設定値の信頼性は低い。また、大型化できず規模の効果が得られないため効率は高くならず、ガス化方式によっては、設備トラブルの発生によってＡ２（転換コスト）の増大のみならず、稼働率Ｂ22が著しく低くなり生成物の品質も低下しＢ21（生成物価値）も小さくなる可能性がある。したがって、収益式②、波及効果式③、転換率式④による検証が極めて重要になる。また、Ｂ３（波及効果）についても、Ａ２（転換コスト）の大きさに見合った効果があるかどうか、厳しく検証する必要がある。

　ペレット、チップについては、設備としての実績もあり選定さえ間違わなければ、技術的には特に問題はないと考えられるが、原料木屑の性状（全木、木部、樹種など）や成型機によってペレットの強度が影響を受けるので、収益式②、波及効果式③の評価には注意を要する。

その他の利活用技術

　各種のバイオマスの利活用の中で、都市部で大量に発生する下水汚泥の利活用として、炭化して石炭代替の燃料に利用する試みが注目されている。従来、下水汚泥はメタン発酵やセメント原料化、また焼却後その燃焼灰を建材化するなどの再資源化が行われてきた。また、小規模の排水処理場の場合、

産業廃棄物として汚泥を集約し堆肥化する事業が行われてきた。しかしながら、堆肥の需要には限界があり、湿潤バイオマスの新たな利活用が求められている。

そのため、下水汚泥のように大量の水分を含む下水汚泥や食品廃棄物を、堆肥化技術を活用して発酵乾燥し、装置の立ち上げ時以外は乾燥品の熱分解揮発分のみを燃料とし、補助燃料を使用しないプロセスが開発された（本章末コラム）。本方式は、乾燥・炭化時にほとんど化石燃料を使わず、かつ、産業廃棄物処理事業として逆有償で再資源化することで、右辺の従来の収集・処理コストと収益（Ｂ１＋Ｂ２）を左辺より大きく設定でき、事業性評価式①が成立する。また、炭化にほとんど化石燃料を消費しないことから生産物である炭化物のエネルギーのほとんどが正味のエネルギー生産となる。したがって、この炭化物を石炭代替に用いれば、実質的なCO_2排出量削減ができ、土壌改良剤として用いればCO_2を固定できる。つまり、従来化石燃料を消費して処理されていた湿潤バイオマスについて、正味のエネルギー利用の観点から実効性のある利活用法を可能としている。このように、本プロセスは、現在の廃棄物の循環システムの中に位置づけられる実効性のある利活用技術であり、新規事業として展開されることが期待される。

今後、このような実効性のある利活用技術の開発・導入が、バイオマス利活用事業の推進にとって重要である。しかし、それは必ずしも高度な転換技術を用いて付加価値の高いものを生産することではない。あくまで、地域資源として、需要に見合った生産物に高効率で安価に転換することが重要である。つまり、Ｂ２（収益）に見合わない高度な利活用（転換）技術は利活用コストＡ２（転換コスト）を押し上げるのみであり、事業性評価式①を成立させるには、できるだけシンプルで、式④の評価が大きくなるような利活用事業でなければならない。これは、前掲の図７（67ページ参照）に示したようなコスト・プライス構造を実現できる利活用技術の開発が重要であることを意味している。

―― コラム ――

湿潤系バイオマスを正味のエネルギー資源として利用する
下水汚泥などの発酵乾燥・エネルギー自立炭化プロセス

　有機汚泥や食品残さのような水分を多量に含む湿潤バイオマスは、本来燃料利用や炭化物利用には適さない。しかし、近年、これらもカーボンニュートラルなエネルギーとしての利用が期待されている。しかし、下水汚泥の機械的脱水・乾燥は容易ではなく、たとえ廃熱を利用したとしても、設備コストや通気・撹拌などのエネルギー消費を抑えることは難しい。

　一方、堆肥化のように微生物の発酵熱を利用すれば、エネルギーをほとんど使用せずに乾燥でき、炭化装置の立ち上げ時のみ化石燃料を使用するだけで、その後は原料の熱分解揮発分（タールなど）を燃料とすることで、連続的に炭化運転ができるエネルギー自立型の発酵乾燥・炭化プロセスが開発された。現在、実用化されているプロセスでは、水分80％程度の下水汚泥を発酵乾燥し、水分30％の発酵乾燥品を毎時1t処理し、約350kg前後の炭化物を製造している。炭化装置の運転は、数週間の連続運転であり、化石燃料（A重油）の消費は運転開始から4～5時間のみ、その後は化石燃料を使用する必要がない。製造された炭化物は、土壌改良剤や炭入り高級堆肥として

■下水汚泥などの発酵乾燥・エネルギー自立炭化プロセス

利用されているが、発熱量は3500〜4000kcal/kg（乾物基準）であり、カーボンニュートラルな燃料としても期待される。

　以上述べた本プロセスは、従来エネルギー利用が難しかった下水汚泥や食品残さから、炭化物として正味のエネルギーを取り出すことのできる実効性の高いプロセスとして、全国的に普及が期待されるものである。
（経済産業省・平成20年度低炭素社会に向けた技術シーズ発掘・社会システム実証モデル事業「エネルギー自立型堆肥・炭化プロセスによる湿潤バイオマスの炭素固定システムの実証」）

第3章 経済的なバイオマスの利活用
——ペレット製造工場を例に

１ ペレット製造工場における事業性の評価

　本章では、木質バイオマスを原料としたペレットの製造工場を例として、事業性にどのような要因が影響を与えるかを考える。まずは前章で述べた事業性の評価式を念頭に置いて、ペレット製造工場の事業性の向上について具体的に掘り下げてみたい。

ペレットとはどのようなものか

　そもそも、ペレットとはどのようなものか。ここで扱うペレットとは、未利用の間伐材や木材の切れ端などの木質バイオマスを破砕してペレット状に成型した、ボイラーやストーブ向けの燃料である。
　一般的に、ペレットは原料を同じく木質バイオマスとするチップや薪などに比べ、おしなべて火力が高く、乾燥しており形がそろっているため取り扱いが容易である。しかしながら多くの場合、ペレットは製造工程で破砕や乾燥が必要となるため、チップや薪などに比べ販売価格が高くなる傾向にある。

写真１：ペレットとペレットストーブ

ペレットは主に温浴施設のペレットボイラーや家庭用のペレットストーブなどで給湯や暖房などを目的として利用されており、環境に優しい燃料として人気を博している。

ペレットはどのようにして製造されるか

ペレットの製造はおおまかに破砕、乾燥、成型の工程に分けられる。木質バイオマスは破砕の工程において粉状にされ、乾燥の工程において含水率を下げられ、成型の工程において圧縮されペレットになる。

■図1　ペレットの製造工程

①破砕　　　　　木質バイオマスを細かく破砕
②乾燥　　　　　木質バイオマスの水分を蒸発させ乾燥
③成型　　　　　木質バイオマスをペレット状に圧縮して成型

①破砕

ペレットの原料となる木質バイオマスは、未利用の間伐材、木材の切れ端、木粉など様々に分かれている。これらの木質バイオマスはまず、破砕の工程で粉状になるまで砕かれるが、木粉などのようにすでに粉状であるものはその必要がないため、この工程は不要となる。

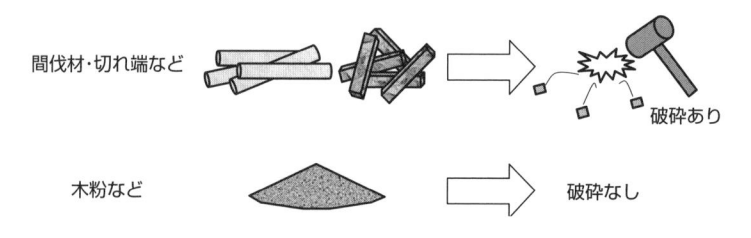

間伐材・切れ端など　→　破砕あり

木粉など　→　破砕なし

②乾燥

続いて、破砕の工程で粉状になった木質バイオマスは乾燥の工程で含水率を適度な値まで下げられるが、乾燥材のカンナ屑などのようにすでに含水率が低いものについては改めて乾燥する必要がないため、この工程は不要となる。なお、乾燥用の燃料としては一般的に灯油などの化石燃料や完成したペレットなどの木質バイオマスが使用される。

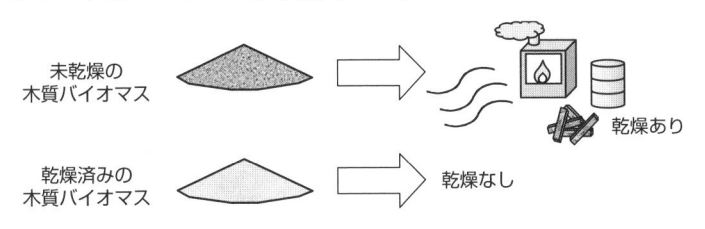

③成型

最後に、乾燥された粉状の木質バイオマスはペレタイザーで圧縮され、細長いペレット状に成形される。木質バイオマスは圧縮することでリグニンと呼ばれる成分が溶け出して接着剤の役割を果たすため、薬品などの添加は不要である。なお、この工程は木質バイオマスの種類にかかわらず必須である。

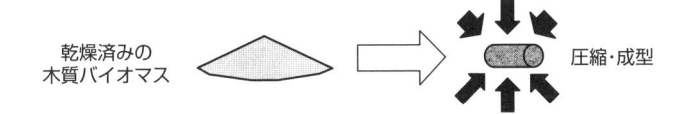

ペレット製造工場の事業性をどのように評価するか

ペレット製造工場の事業性を、以上の工程ごとの特徴を踏まえた上で第2章の事業性の評価式に当てはめると、次のようになる。

［基本的な事業性の評価式］
　Ａ１ ＋ Ａ２ ＋ Ａ３ ＜ Ｂ１ ＋ Ｂ２ ＋ Ｂ３
［ペレット製造工場における事業性の評価式］
　Ａ１ ＋ Ａ２ ＜ Ｂ２ ＋ Ｂ３

■表1 ペレット製造工場における事業性の評価事項

記　号	名　称	詳　細
Ａ１	原料の収集コスト	木質バイオマスの調達費
Ａ２	原料の転換コスト	木質バイオマスの加工費
Ａ３	副産物の処理コスト	該当なし
Ｂ１	従来の処理コスト	該当なし
Ｂ２	生成物による収入	ペレットの売上
Ｂ３	波及効果・間接効果	CO_2削減などの効果

Ａ１：原料の収集コスト

　ペレット製造工場において、原料の収集コスト（Ａ１）は森林組合や製材工場などから木質バイオマスを調達するための費用となる。そのため、製材工場などが自社で発生した木粉などからペレットを製造する場合は、原料の収集コストは発生しない。

　原料を安定的に確保することは極めて重要であり、そのためには工場と、木質バイオマスを供給する側とできちんとした協定を交わしておく必要がある。また、木質バイオマスを供給する側は不測の事態に備えて同業者とネットワークを構成し、供給が途絶えないように注意する必要がある。なお、木質バイオマスを供給する側のコストに関しては本章末のコラムを参照してほしい。

項　目	状　況	費　用
原料の収集コスト	ペレット製造工場の専業	発生する
	製材工場などによる兼業	発生しない

Ａ２：原料の転換コスト

　原料の転換コスト（Ａ２）は、調達した木質バイオマスをペレットに加工するための費用であり、その内訳は木質バイオマスの乾燥費、木質バイオマスの破砕や成型などの電気代、機器のメンテナンス費、ペレット製造の人件費、機器の減価償却費などである。これらのコストを削減するために、機械の自動化や原料の天日乾燥などの様々な低コスト化の努力がなされている。また、乾燥木材の製材屑、木粉などを原料として利用する場合は、破砕や乾燥の工程が不要となるため、その分のコストが低減される。

項　目	状　況	費　用
原料の転換コスト	破砕　必要	発生する
	破砕　不要	発生しない
	乾燥　必要	発生する
	乾燥　不要	発生しない

Ａ３：副産物の処理コスト

　副産物の処理コスト（Ａ３）は、ペレット製造においては副産物が排出されないため発生しない。実際には細かい成形屑などが排出されるが、再度ペレット原料としたり、乾燥用の燃料としたりすることが可能である。よって、ここでは副産物の処理コストは発生しないものとして扱う。

項　目	状　況	費　用
副産物の処理コスト	すべてのペレット製造工場	発生しない

Ｂ１：従来の処理コスト

　従来の処理コスト（Ｂ１）は、木質バイオマスが間伐材などであれば、もともとは森林にあったものであるため発生しない。木質バイオマスが製材工場から出る木材の切れ端などであっても、製紙用チップなどとして以前から利用されているため、やはり発生しない。

項　目	状　況	費　用
従来の処理コスト	すべてのペレット製造工場	発生しない

Ｂ２：生成物による収入

　生成物による収入（Ｂ２）はペレットの売上であり、販売価格と販売量に左右される。販売価格が収益を十分に見込める価格でなければならないことはいうまでもないが、あまりに高いと競争力が持てず、販売量を確保できない。そのため、価格の調整も含めて販売ルートをどのように確保するかが、ペレット工場の事業性を左右する最も大きな問題である。

項　目	状　況	費　用
生成物による収入	すべてのペレット製造工場	発生する

B3：波及効果・間接効果

波及効果・間接効果（B3）としてはCO₂削減や雇用の増加などが挙げられる。雇用の増加のような地域への波及効果は、単純にペレット製造工場の事業性に留まらない効果を秘めているため、地域の活性化の面でも非常に重要である。

項　目	状　況	費　用
波及効果・間接効果	すべてのペレット製造工場	発生する

以上をまとめると、ペレット製造工場における事業性の評価式の特徴としては、副産物の処理コストと従来の処理コストが存在しないことが挙げられる。

［ペレット製造工場における事業性の評価式］

| A1：木質バイオマスの調達費 | ＋ | A2：木質バイオマスの加工費 | ＜ | B2：ペレットの売上 | ＋ | B3：CO₂削減などの効果 |

ペレット製造工場の事業性を実際に評価してみた

次に、ペレット製造工場の実際の数値を、事業性の評価式に入れてみよう。数値は黒字の工場と赤字の工場それぞれ1社のものを用い、工場の規模は同程度とする。また、波及効果・間接効果（B3）は計算が非常に難しいため、評価の対象外とする。

ペレットを年間で600 tほど生産しているX社では、その収入は約2,800万円、支出は約2,700万円、収支にすると約100万円の黒字となっている。この数値を事業性の評価式に当てはめると次のようになる。

［X社における事業性の評価式］
　800万円（A1）＋ 1,900万円（A2）＜ 2,800万円（B2）

一方、ペレットを年間で800 tほど生産しているY社では、その収入は約2,700万円、支出は約3,500万円、収支にすると約800万円の赤字となっている。この数値を事業性の評価式に当てはめると次のようになる。

［Y社における事業性の評価式］
　300万円（A1）＋ 3,200万円（A2）＞ 2,700万円（B2）

　このように、木質バイオマスの利用における事業性の評価式に実際の数値をあてはめると、黒字であるX社では事業性の評価式がA＜Bとなり成立しているが、赤字であるY社ではA＞Bとなり成立していない。つまり事業性の評価式は、赤字の工場、黒字の工場ともにあてはまる。

■表2　X社とY社における収支の概算内訳

記号	詳細	金額（万円） X社	金額（万円） Y社
A1	木質バイオマスの調達費	800	300
A2	木質バイオマスの加工費	1,900	3,200
B2	ペレットの売上	2,800	2,700
収支（B2－A1－A2）		100	－800

2 ペレット製造工場の事業性に影響を及ぼす要因

　ペレット製造工場における事業性の評価式は赤字の工場と黒字の工場どちらにもあてはまったわけであるが、その評価式はどのような場合に黒字となり、どのような場合に赤字となるのだろうか。つまり、事業性に影響する要因は何であろうか。続けて、それを探ってみる。

ペレット製造工場の現状はどのようなものか

　実際のペレット製造工場における収支はいったいどのようになっているのだろうか。全国のペレット工場71社を対象に事業性についてのアンケートを行ったところ、年間の収支に対する自己評価について17社より回答をいただいた。自己評価は大きく赤字、赤字、損益分岐点、黒字、大きく黒字の5段階で回答していただいたが、黒字及び大きく黒字の企業はそれぞれ1社だけであった。

■図2　収支の自己評価ごとのペレット製造工場数

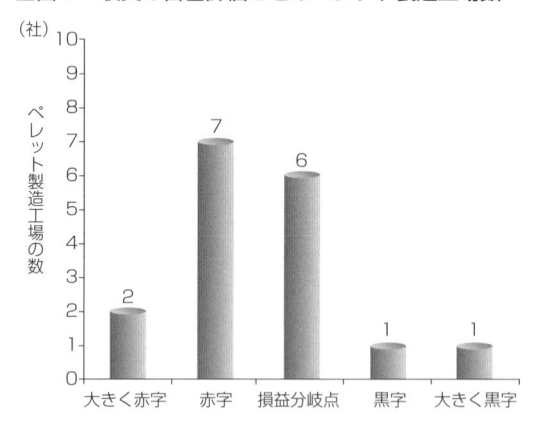

(社) 10
ペレット製造工場の数
大きく赤字 2
赤字 7
損益分岐点 6
黒字 1
大きく黒字 1

ペレット製造工場における収支の比較

では、実際の収支の差はどのようにして生まれるのだろうか。その要因を確認するために、アンケートに回答していただいたペレット製造工場について、木質バイオマスの調達費、木質バイオマスの加工費、ペレットの売上のどこに違いがあるのかを比較してみよう。なお、比較に当たってはペレット製造工場の規模が一定であると仮定する。

事業性の評価式A＜Bの、B（ペレットの売上）における計画値と実績値の差をペレットの売上損失に相当すると仮定してAに埋め込み、調達費、加工費と合わせて「支出の度合い」として名づけ、比較を行う。なお、ペレットの売上の損失は仮定上、工場の稼働率と負の関係となる。

［ペレット製造工場の比較式］

木質バイオマスの調達費 ＋ 木質バイオマスの加工費 ＋ ペレットの売上損失 ＝ 支出の度合い

ペレットの売上損失

ペレット製造工場ごとに支出の度合いを比較すると、特にペレットの売上損失が少ないと支出の度合いが小さく、ペレットの売上損失が多いと支出の

第3章■経済的なバイオマスの利活用──ペレット製造工場を例に

■図3　ペレットの売上の損失の考え方（例）

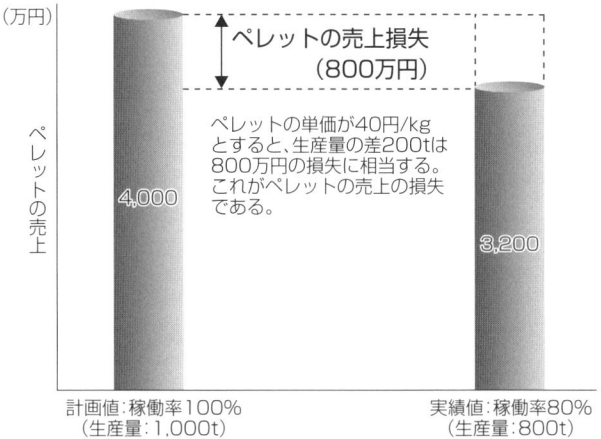

ペレットの単価が40円/kgとすると、生産量の差200tは800万円の損失に相当する。これがペレットの売上の損失である。

計画値：稼働率100%（生産量：1,000t）　4,000
実績値：稼働率80%（生産量：800t）　3,200
ペレットの売上損失（800万円）

■図4　ペレット製造工場ごとの支出の度合いの比較

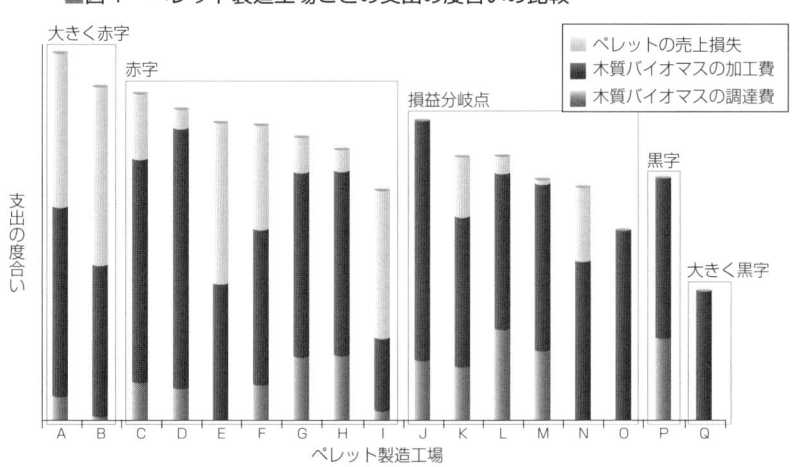

（凡例）
- ペレットの売上損失
- 木質バイオマスの加工費
- 木質バイオマスの調達費

大きく赤字：A, B
赤字：C, D, E, F, G, H, I
損益分岐点：J, K, L, M, N, O
黒字：P
大きく黒字：Q

度合いが大きい結果となった。加工費と調達費の合計だけであれば、その大小は、赤字か黒字かにあまり関係がないように見える。しかし、売上損失を計上すると、その大きさ（支出の度合い）は、赤字か黒字かにほぼ対応する大きさになる。先の仮定によって、ここでのペレットの売上損失は、工場が計画通りに稼働すれば回避できた損失（＝入手し損ねた発生予定の収入）で

95

あることから、その値の大小は工場の稼働率の高低のことである。このことから、工場の収支に対して、工場の稼働率が大きく影響していることがわかる。

木質バイオマスの調達費の比較

木質バイオマスの調達費はその量と単価による影響を受けるため、調達費が小さいということは調達量が少ないか、調達単価が低いということであり、調達費が大きいということは調達量が多いか、調達単価が高いということである。木質バイオマスの調達費についてペレット製造工場ごとに比較したところ、それぞれにばらつきが見られ、全体的には、売上損失が小さいほど調達費は多く、売上損失が大きいほど調達費が少なくなっている。売上損失は工場の稼働率に関係するため、ペレットの生産量にも関係する。よって、売上損失が大きいところでは、調達費の小ささは事業性の良さを表さず、稼働率が低いために調達量が少ないこと、あるいは調達量が少ないために稼働率が低いことを表す。つまり、安定的な原料の確保またはペレットの販路の確保に問題が発生している可能性がある。

一方で売上損失の少ないところ、すなわち計画通りかそれ以上にペレットを生産しているところでは、木質バイオマスの調達量は十分にあると想定されるため、主に調達単価による差が事業性に影響する。例えば自社の製材所で発生した木粉などを利用している工場においては、木質バイオマスの調達費はゼロとなるため、黒字が大きくなる。

蛇足となるが、木質バイオマスの調達価格については、ペレット製造工場

■図5　ペレット製造工場の稼働率と木質バイオマスの調達費の関係

の都合で一方的に低くすると木質バイオマスの供給側の収入が減ってしまい、原料が集まらない事態ともなりえる。そのため、調達価格の設定は、木質バイオマスの加工費やペレットの販売価格との兼ね合いもあるが、地域の事情を考慮して慎重に行う必要がある。補助金などの利用により双方の負担を軽減することも可能だが、補助金がなくなれば続かなくなってしまうため、補助金がなくとも末永く続けることが可能な価格設定が大切となる。

木質バイオマスの加工費の比較

木質バイオマスの加工費について企業ごとに比較したところ、支出の度合いが、黒字または大きく黒字である企業においては比較的少なくなっているが、赤字または大きく赤字の企業においても同程度の値となっているケースがあるため、全体としては収支に関係なくばらつきが見られる。これはペレット製造工場ごとに原料の性状やペレットの製造工程などが異なり、それに伴って木質バイオマスの加工費の内訳たる①木質バイオマスの破砕や成型などによる電力費、②木質バイオマスの乾燥による燃料費、③機器のメンテナンス費、④機器の減価償却費、⑤ペレット製造の人件費も変化するためと推測される。

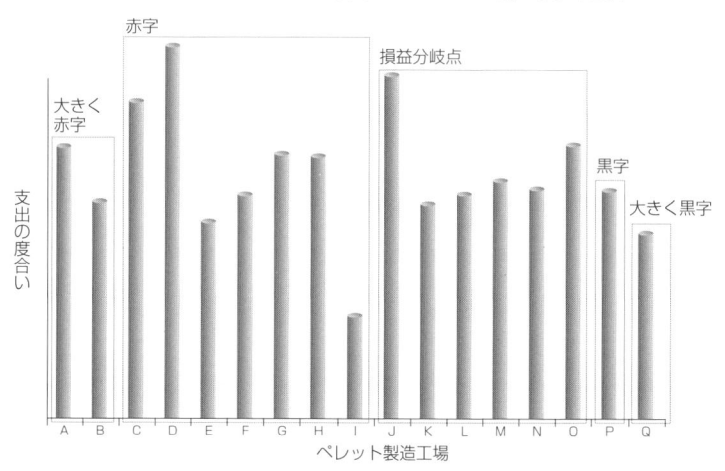

■図6　ペレット製造工場ごとの木質バイオマスの加工費の比較

①木質バイオマスの破砕や成型などによる電力費

　木質バイオマスの破砕や成型などによる電力費は機械の性能と加工量によって決まる。木質バイオマスの調達量はペレット製造工場の稼働率と正の関係にあると推測されるため、加工量についても同様であり、ペレット製造工場の稼働率が高ければ電力費のコストが大きく、ペレット製造工場の稼働率が低ければ電力費のコストが小さくなると推測される。

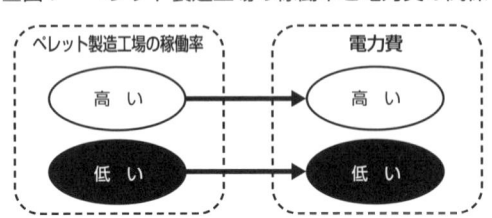

■図7　ペレット製造工場の稼働率と電力費の関係

②木質バイオマスの乾燥による燃料費

　木質バイオマスを乾燥するための燃料費については、先にも述べた通り、乾燥木材の製材屑などのように最初から含水率の低い木質バイオマスにおいてはゼロとなる。そのため、一般的に乾燥の必要な木質バイオマスは加工費が高くなり、同時にペレットの販売価格も高くなるため、価格競争の面では不利である。そのため、乾燥が必要な木材を使用する場合は、乾燥費の節約のために十分な天日乾燥を行うなどの工夫があるとよいであろう。なお、燃料費には乾燥させた木質バイオマスの加工量も関係するため、工場の稼働率による影響も受ける。

■図8　木質バイオマスの含水率と販売価格

③機器のメンテナンス費

　機器のメンテナンスは故障の修理や消耗品の交換などによるコストを指し、一般的にはメーカーへの外注が行われている。そのため、もしペレット製造工場の作業員が多少なりともメンテナンスを行うことができれば、コストを下げることができる。一部のペレット製造工場においては、ほぼすべてのメンテナンス作業を作業員が行っている例も見受けられる。

　メンテナンス費がかかる最大の理由は、突発的な故障である。そのため、導入時には信頼のおけるメーカー及び機械を選定するために時間と労力をかけ、メンテナンス契約の内容と長期的な費用を考えて選ぶことが大切である。

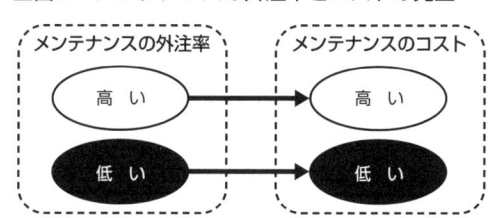

■図9　メンテナンスの外注率とコストの発生

④機器の減価償却費

　減価償却費は機械の価格によって決定されるが、国や県などの補助金の利用によりコストを下げることができる。補助金を利用するためには決まった様式の申請書が必要となり、応募期間が限られるため、行政などから素早く情報を得られるよう、普段から連携をとることが大切となる。

⑤ペレット製造の人件費

　人件費はペレット製造工場の規模や使用している機械によるが、作業員の熟練度なども影響するため、社内での技術継承やメーカーによる研修会などにより作業員の能力を向上させればコストを下げることができる。人件費は加工費の多くを占めるので、合理的な人員配置を考えておく必要がある。

■図10 支出を減らす工夫と収入を増やす工夫

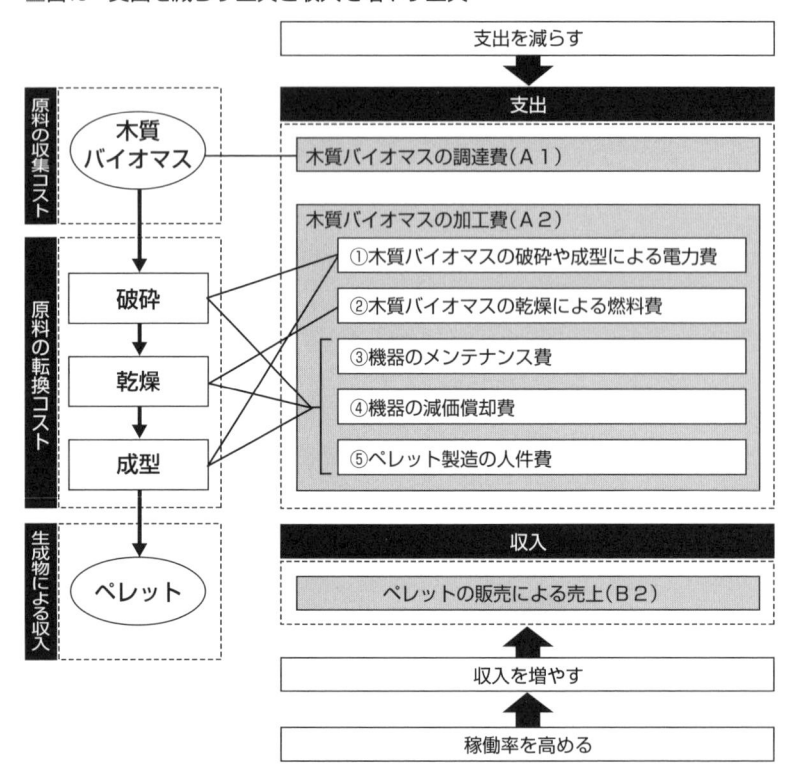

いかにして事業性を確保するか

アンケート結果より、ペレット製造工場では工場の稼働率が収支に影響を及ぼしていると推測できた。そして、計画時に事業性があると想定して工場の操業を始めたものの、計画通りの稼働率を達成できていない工場も少なくないようである。

なお、アンケートの結果によると、ペレットを計画通りに製造して販売しているが、収支は赤字となっている企業もある。このように、工場の稼働率が高くとも赤字となる場合もあることから、ペレット製造工場における事業性を向上させるためには、稼働率を高める以外に支出を減らす工夫も必要である。

木質バイオマスの適正な価格による安定的な確保とペレットの販路の確保は、工場単体の経営努力では難しい側面があるため、行政や地域の事業者との連携の構築が必要となる。例えばペレットの市場はストーブやボイラーの普及とも関係しているので、市場が成長するまでの間は地元の公共施設でペレットストーブなどを利用してもらい、一定の需要を確保しつつ経営環境を整えることなどが考えられる。

3 ペレット製造工場の事業性を向上させるための取り組み

　先に見たように、ペレット製造工場の事業性には木質バイオマスの調達費、加工費及びペレットの売上が影響を及ぼす。このことを踏まえた上で、ペレット製造工場の事業性を向上させるためにはどのような取り組みが必要か、アンケート結果を踏まえて述べてみたい。以下は、チップ工場及びペレット工場両方のアンケート結果である。

事業性の向上に効果がある取り組み
　ペレット・チップ工場の事業性を向上させるための取り組みについてのアンケートを行ったところ、70社より有効な回答があった。各工場の取り組みはペレットやチップの製造に関するものから地域におけるまちづくりとの関係などまで多岐にわたり、内容ごとに分類すると、①原料確保、②支出削減、③販売促進、④広報、⑤計画検討、⑥地域連携、⑦人材力、⑧社会貢献の8項目となる。各項目における取り組みの概要はそれぞれ次の通りである。

①原料確保
　原料確保はペレット・チップ製造工場の稼働率を確保するために、原料が計画通りに安定的に調達できるための取り組みを示している。例として、原料の調達価格及び調達量の協定などが挙げられる。

■図11　ペレット・チップ製造工場における取り組みの分類

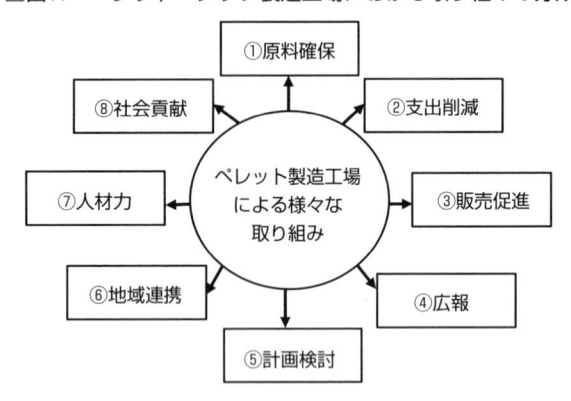

①原料確保
②支出削減
③販売促進
④広報
⑤計画検討
⑥地域連携
⑦人材力
⑧社会貢献
ペレット製造工場による様々な取り組み

②支出削減

　支出削減はペレット・チップの製造におけるコストの低減策を示している。例として、木質バイオマスの天日乾燥による燃料費の削減などが挙げられる。

③販売促進

　販売促進は販売方法の工夫及び販売価格や販売量について協定を結ぶことなどによる販路の拡大努力を示している。例として、ペレットの猫砂としての販売や地域ブランド化などが挙げられる。

④広報

　広報はペレット・チップの販売や木質バイオマスの収集などを宣伝するためにとっている手段の数、または社会貢献活動の実施による会社イメージ向上などを示している。宣伝手段の例として、パンフレットや説明会などが挙げられる。

⑤計画検討

　計画検討はペレット・チップ製造工場の構想時にどのくらい綿密に計画を練り上げたかを示している。例として、自社によるランニングコストの

計算や複数のメーカーの機器の比較、原料の購入量や製品の販売について優先的に検討することなどが挙げられる。

⑥地域連携

　地域連携は自治体や他の企業、地域住民との協力体制を示している。例として、自治体と合同の勉強会や地域住民の意見の吸収などが挙げられる。

⑦人材力

　人材力は社員のペレット・チップ製造技術の向上などを示している。例として、社員の研修会などが挙げられる。

⑧社会貢献

　地域貢献活動と環境活動からなる。地域のまちづくり像を共有することも含まれる。まちづくりイメージの共有は、バイオマスによるまちづくりのために社会的な活動を行うだけでなく、他の地域主体との連携の促進や会社の営業戦略もそれに合わせてつくることなどが期待される。

取り組みと事業性に関連性はあるのか

　アンケートでは、原料調達率やメンテナンス状況などの上記8項目に分類される質問を4点評価で聞き、総合して評点とした。すると、先ほど例としたペレット工場17社では、大きく黒字または黒字の企業おいて評点が高い結果となった。

　このことから、評点が高いと事業性が良いと考えられ、これはアンケートにおける事業性評価指標が信頼できることを物語る。

どのような取り組みに工場ごとの差が表れているか

　次に、総合評価が上位10％と下位10％である工場について、その値を項目ごとに整理し、比べてみた。すると、すべての取り組みにおいて、上位10％の平均値は下位10％を上回った。

■図12　ペレット製造工場の評点

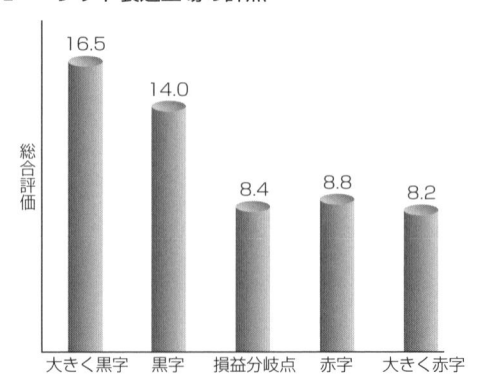

大きく黒字	黒字	損益分岐点	赤字	大きく赤字
16.5	14.0	8.4	8.8	8.2

■図13　各評価の合計値における上位10%と下位10%の比較

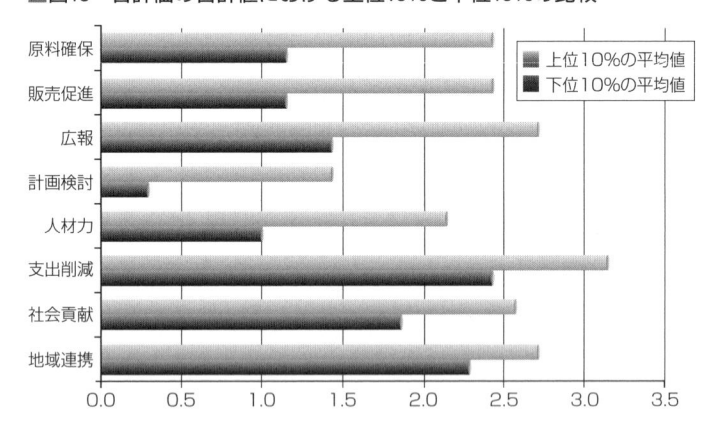

（項目：原料確保、販売促進、広報、計画検討、人材力、支出削減、社会貢献、地域連携／上位10%の平均値・下位10%の平均値）

　上位と下位の差が大きい順に項目を並べると、最も差が大きいものは原料確保、販売促進、広報である。原料の安定供給、販売先の確保の重要性についてはすでに述べた通りであり、アンケート結果によって証明された形となった。

　広報は、ペレットの製造が経済活動である以上、多様なツールを動員して積極的な宣伝を打つべきである。しかしながら、木質バイオマスに取り組む事業者が森林組合や第三セクターであったりすると、宣伝に積極的であるとはいえない工場も少なくなかった。木質バイオマスのように市場が確立され

ているとはいえない事業では特に宣伝が重要であることから、取り組みの程度が事業性に大きな差となって現れたようである。

続いて差が大きいものは、計画検討及び人材力である。計画検討は機械や販路などに対する慎重な事前の検討を示していることから、他の影響要因の多くに関連することとなり、事業性に影響を与えると考えられる。

人材力は工場の運営に全般的に影響する要因である。それは、ペレットを製造し、販売する上では、流通ネットワークや市場の開拓など、人材力に負うところが大きいと考えられるためである。また、機械の修理や消耗品交換などをメーカーに頼らず、技術を身につけた作業員が行うことでコストを下げることができるが、これも人材力によるものであろう。

後に続くのが支出削減、社会貢献、地域連携である。支出削減は通常の努力の対象として想定できるものである。とはいえ、差があるのも事実であることから、ペレット製造工場に対してベーシックな経営的視点も必要ということであろう。

社会貢献と地域連携についても上位と下位で差はあったものの、そう大きなものではない。しかしバイオマス事業においては、これらが事業性に影響を与えることが大きな特徴であり、バイオマス事業はそのイメージを地域で共有し、行政・住民・企業と幅広く連携することが、事業の柔軟性と発展性に結び付く。なぜならば、地域の協力により原料の調達と市場の拡大が期待できるからである。

4 ペレット・チップ製造工場における事業性評価のまとめ

ペレット製造工場における事業性の評価式は、木質バイオマスの調達費、木質バイオマスの加工費、ペレットの売上、CO_2削減などの効果で構成されており、これはチップ製造工場においても同様であると考えられる。この評価式を成り立たせるためには、木質バイオマスの調達費と加工費を削減することで支出を減らす工夫と、ペレットの売上とCO_2削減などの効果を増加させることで収入を増やす工夫の2パターンがあり、事業性のアンケート

■図14 ペレット・チップ製造工場の取り組みによる事業性の向上

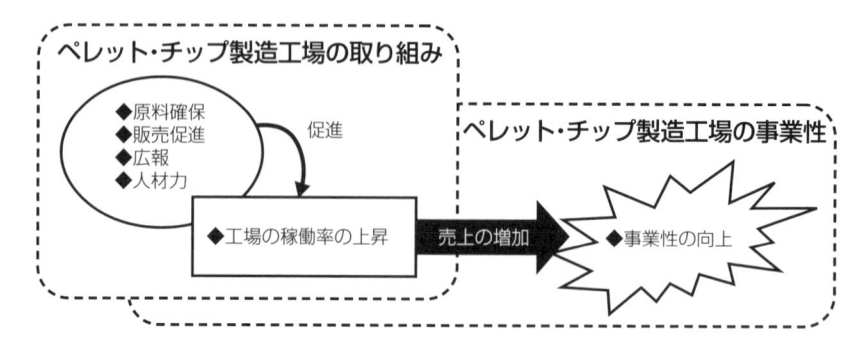

ペレット・チップ製造工場の取り組み
- ◆原料確保
- ◆販売促進
- ◆広報
- ◆人材力

促進 → ◆工場の稼働率の上昇

売上の増加 →

ペレット・チップ製造工場の事業性
- ◆事業性の向上

結果によると収入を増やす工夫には工場の稼働率が大きく影響するようである。

　また、取り組みのアンケート結果によると、事業性を向上させるための工夫は様々であり、その総合評価と事業性には関連があると考えられる。そして、総合評価の高い工場においては原料確保と販売促進をしっかり行い、広報に力を入れており、計画検討と人材力にも重きを置いていることから、これらの工夫が事業性に影響するようである。

　原料の確保や販売促進は工場を運営する上で必要不可欠であり、工場の稼働率を高めることにつながるため、事業性に大きく影響すると考えられる。これらは広く情報を発信することで様々な人に知ってもらえるため、宣伝による効果の促進が期待される。そして、計画検討及び人材力は工場の運営に全般的に影響すると考えられる。

　以上のことから、ペレット・チップ製造工場において事業性を向上させるためには工場の稼働率を高める必要があり、原料確保や販売促進、広報、計画検討、人材力による効果が大きいと考えられる。

コラム
木質バイオマスの搬出・運搬費について

　第3章で少し触れたが、ペレット・チップ製造工場が木質バイオマスを森林組合や個人林家などの素材生産者から調達する場合、その調達価格を低く設定すると、木質バイオマスが集まらなくなる可能性がある。これは素材生産者の支出が変わらないのに収入だけが減ってしまい、素材生産者の事業性が低くなるためである。

　では、素材生産者は木質バイオマスを販売する上で支出を減らす努力をしていないのかというと、そうではない。例えば、森林から工場への運搬経路の工夫による、木質バイオマスの搬出・運搬費の削減などを試みている。

■図1　素材生産者による支出を減らす努力

　一般的に、木質バイオマスは建築用材の生産における副産物である。というのも、森林で生産された木材は大部分が原木市場などに売られ、建築用材として利用されているためである。そして、曲がっているなどの理由で建築用材として扱えないものが木質バイオマスとして利用されている。では、建築用材と木質バイオマスを誰がどのように選別しているかというと、機械による自動的な選別、または素材生産者の目視による選別のどちらかである。この選別をどこで行うかによって、木質バイオマスの森林から工場までの運搬経路は、①原木市場を経由するルート、②製材所を経由するルート、③どこも経由せずに工場へ直送するルートの大きく3パターンに分けられる（図2）。

　各パターンについて、それぞれ該当する素材生産者に木質バイオマスの搬出・運搬費を尋ねたところ、経由地によって金額に差が出る結果となった。

①原木市場を経由するルート
　原木市場を経由するルートは、一般的によく見られるパターンである。このパターンでは、木材がすべて原木市場に運搬され、そこで建築用材と

■図2　木質バイオマスの運搬経路

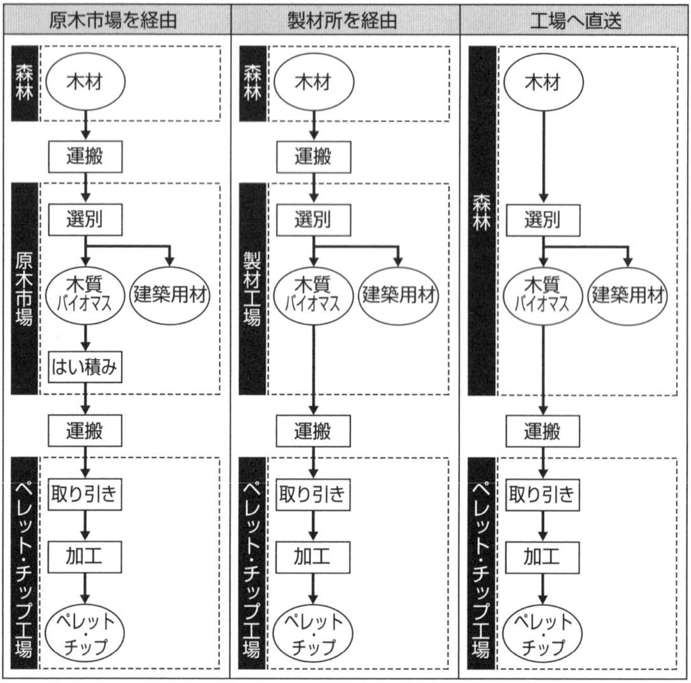

原木市場を経由	製材所を経由	工場へ直送
森林：木材 → 運搬	森林：木材 → 運搬	木材 → 選別
原木市場：選別 → 木質バイオマス／建築用材 → はい積み → 運搬	製材工場：選別 → 木質バイオマス／建築用材 → 運搬	森林：選別 → 木質バイオマス／建築用材 → 運搬
ペレット・チップ工場：取り引き → 加工 → ペレット・チップ	ペレット・チップ工場：取り引き → 加工 → ペレット・チップ	ペレット・チップ工場：取り引き → 加工 → ペレット・チップ

木質バイオマスに選別される。原木市場においては木材の選別・はい積み・販売の手数料が発生するため、このルートは搬出・運搬費が最も高くなる。しかし、最近では選別後に木質バイオマスをはい積みせず、そのままチップ工場に販売する原木市場も現れている。このような方式は選別の手数料しか発生しないため、従来の原木市場で選別するパターンに比べ、搬出・運搬費を低く抑えることができる。

②製材所を経由するルート

　製材所を経由するルートは、新生産システムにおける大規模製材所などのように、選別用の機械が導入された製材所がある場合に実施されるパターンである。このパターンでは木材はすべて製材所に運搬され、そこで建築用材と木質バイオマスに選別される。選別された木質バイオマスはそのまま工場へ送られるため、はい積み・販売の手数料が発生せず、一般的な原木市場を経由するルートに比べ木質バイオマスの搬出・運搬費を低く

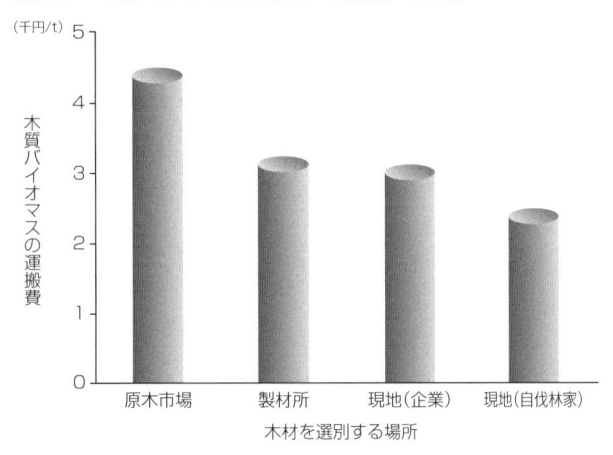

■図3　木質バイオマスの搬出・運搬費（事例）

（縦軸：木質バイオマスの運搬費（千円/t）、横軸：木材を選別する場所）
原木市場、製材所、現地（企業）、現地（自伐林家）

抑えることができる。

③工場へ直送するルート

　工場へ直送するルートは、皆伐を行っている企業や間伐を行っている自伐林家などが実施しているパターンである。このパターンでは、木材は現地において曲がり具合などから建築用材と木質バイオマスに目視で選別される。このパターンでは作業者が目視で木材を選木できる高度な技術を持っている必要があるが、選別した木質バイオマスをどこも経由せずに工場へ直送できるため、選別・はい積み・販売の手数料が発生せず、木質バイオマスの搬出・運搬費を最も低く抑えることができる。

　以上より、木質バイオマスはその運搬経路によって搬出・運搬費が変動するようである。そして、その搬出・運搬費は工場へ直送するルートにおいて最も低くなるようである。しかしながら、原木市場や製材所を経由した場合も、価格の折り合う買い取り先があれば、十分に事業として成り立つ可能性がある。

　また、冒頭でも述べたが、木質バイオマスはあくまで建築用材の生産における副産物であるため、木材の生産を生業とする者にとっては林業の繁栄が最も大事であると考えられる。建築用材の販売で十分な収入が得られるからこそ間伐も進み、木質バイオマスの生産も盛んになるのである。

キーパーソンが語る2
バイオマスの成功を握る地域力

中越 武義
前檮原町長

　私たちの高知県檮原町は四国山地の西部に位置しており、四万十川の源流域でもあるこの町は別名「雲の上の町」との愛称で呼ばれています。童話的なイメージですが、過去には明治維新に散った多くの志士を輩出し、かの坂本龍馬が日本の黎明を告げた地でもあります。

　雲の上の町の環境に関する取り組みの考え方は、住民の方々とともに考えたまちづくり基本構想が根源となっています。この基本構想のとりまとめに当たって、行政と住民が将来の町のあり方、考え方、そして自分たちが何を望み、何ができるかを協働で考えたことから始まっているのです。その基本構想には、これからの時代を環境、健康、教育の3つが"つむぎあう"中で、皆が明るく、楽しく、元気で生活のできるまちを創りたい、そこに目的があり、望みがあります。

　しかし、環境と一言でいっても経済の循環が伴わなければ地域の発展は図れません。そこで「地域には何もない」と語られる諸々に今一度目を向けて資源を発掘し、活用することによってその資源を輝かせ、経済の循環につなげていく必要があります。このことにより住民が地域に誇りと自信を持ち、さらなる資源を発掘することにつながっていくのです。

　檮原町には、大きな資源として山林があります。実に町の総面積の91％を占めており、そのうち73％が人工林です。山林は、国土の緑化、国土の保全、土砂の流失防止などの多面的機能を有しています。そして、四万十川源流域に暮らす私たちは、下流域にきれいな水を供給し続けるために山林を適切に管理する責務を担っています。このような山林が昭和30年代には、将来的に経済林としての役割を担うものと夢見て管理されてきましたが、材価の低迷、人件費の高騰、さらに木材の供給と需要のバランスの崩壊によって、山林の

持っている多面的な機能が見いだされないまま、山林に対する関心が薄れてきました。

しかしながら国民的な変化点が京都議定書の発効にあったように思います。一つは、CO_2の削減目標達成のために山林のCO_2吸収源としての価値が大きく認められるようになりました。そしてこれをきっかけに、山林の持っている多面的な機能の発揮を目指し、将来にわたって国民の貴重な財産として、森林・林業の再生が図られるような取り組みが行われるようになり、このことに対する国民の理解も進んだように思います。

そして今日では、2011年3月11日の東日本大震災によってエネルギーのあり方が大きく取り上げられており、国土の66％を占める山林資源を活用することによっていかに安定的にエネルギー供給を図るかが問われています。檮原町では大震災前から山の資源を活用することで自然エネルギー自給率の向上に努力してきました。

一方で、町独自の取り組みには限界があるとも感じています。町として、これからの行政の進め方として、企業の持っているスピード感、経済性、社会貢献による需要者の要請にいかに応えうるかが求められるようになってきました。このことについては、それぞれの町、村の点から線へ、線から面に取り組みが拡大されることによって、よい意味での町村間の競争が生まれ、良い事例も悪い事例もしっかりと検証、反省、改善を加えることによって素晴らしい処方箋が整っていくと考えています。

そのような考えのもとに、檮原町では矢崎総業株式会社、高知県、檮原町森林組合や思いを共有する方々と連携して協働の森づくり（木質バイオマス地域循環モデル事業）に取り組んでいます。

しかし、言葉では発信できても現実は大変厳しい運営となっています。この課題を解決するためには、木質バイオマス地域循環モデル事業全体の効率を高め、経済性を追求し需用者ニーズに応え、国民共有の資源としての価値をどのようにして高めるかにかかっています。私は、山林の持つ多面的な機能の発揮と経済の循環をどのようにして共生させるかに苦慮いたしましたが、自助、共助はもちろん、公助による山林の多面的機能の発揮に対する具体

な支援がなければ、木質ペレット生産だけでは採算がとれないという現実があります。

木質バイオマス地域循環モデル事業の中核は木質ペレットの生産であることに間違いはありませんが、木質ペレットの生産のみに囚われて課題を解決しようとしても、それはできません。やはり、山林の多面的機能の発揮を図るためには間伐が必要です。団地化による木材生産と搬出負担の軽減をいかにして図るかにかかっています。搬出された木材の買取制度とあわせて自然エネルギーによる乾燥、生産されたペレットに、企業論理に基づいた経済性やスピード感を考えた単価を設定して進まなければなりません。つまり、この事業に関わるそれぞれが何ができるのかを考え、与えられた役割をしっかりと果たすことが重要です。特に企業は将来にわたって安定的な見通しを樹立して良い品質の製品の生産に取り組まれますので、その原点を見失うことなく邁進するように気を引き締めています。

そして、生産された木質ペレットは、まずその地で消費し、その効果を皆さんに確かめていただいた上で外商に乗り出す心構えが必要となります。そうした力が環境と共生する地域づくりにつながり、経済の循環に発展すると考えています。

正しく、"国家の実力は地方に存する"資源です。

第4章
やり方次第でこんなに違う、環境効果と地域効果
——効果を計ろう「バイオマス会計」

1 効果を目に見える形にする「バイオマス会計表」

　一口にバイオマスといっても、その種類は多様で、その使い方も様々である。例えば、未利用の切捨て間伐材があったとして、それをチップにしてチップボイラで利用するのか、あるいはペレットにして家庭や学校でペレットストーブで利用するのかでは、その経済性や環境性の効果、あるいは地域への波及効果は大きく違ってくる。また、一自治体、一地域の中で、複数のバイオマスをいろいろな用途に使うことが行われており、多くの関連事業が存在している。そのため、「全体としてどうなの？」「うまくいっているの？」といった疑問も出てくることになる。

　このような疑問に対して答えを出すツールの一つとして、バイオマス会計表が（独）産業技術総合研究所で開発された。これは、バイオマス利活用事業のデータ（物品量と金額）を会計表に入力することで、その経済収支やGHG（CO_2）収支（GHGは温室効果ガスのこと）、その他の評価軸で事業効果を分析するものである。近年、広く行われている環境会計や環境レポートのバイオマス版と言える。PDCAサイクル（計画、実行、評価、改善）におけるCheck（評価）の支援ツールとなる。特徴としては以下のようなものがある。

- 一事業だけでなく複数の関連事業を集計することで、全体（例えばバイオマスタウン全体）としての効果を把握・分析することができる。
- 無償での物品のやりとりなど間接的な収益・効果の分析にも考慮している。
- 環境性評価には原単位を組み込み、自動計算化されている。

■図1　バイオマス会計表の入力画面

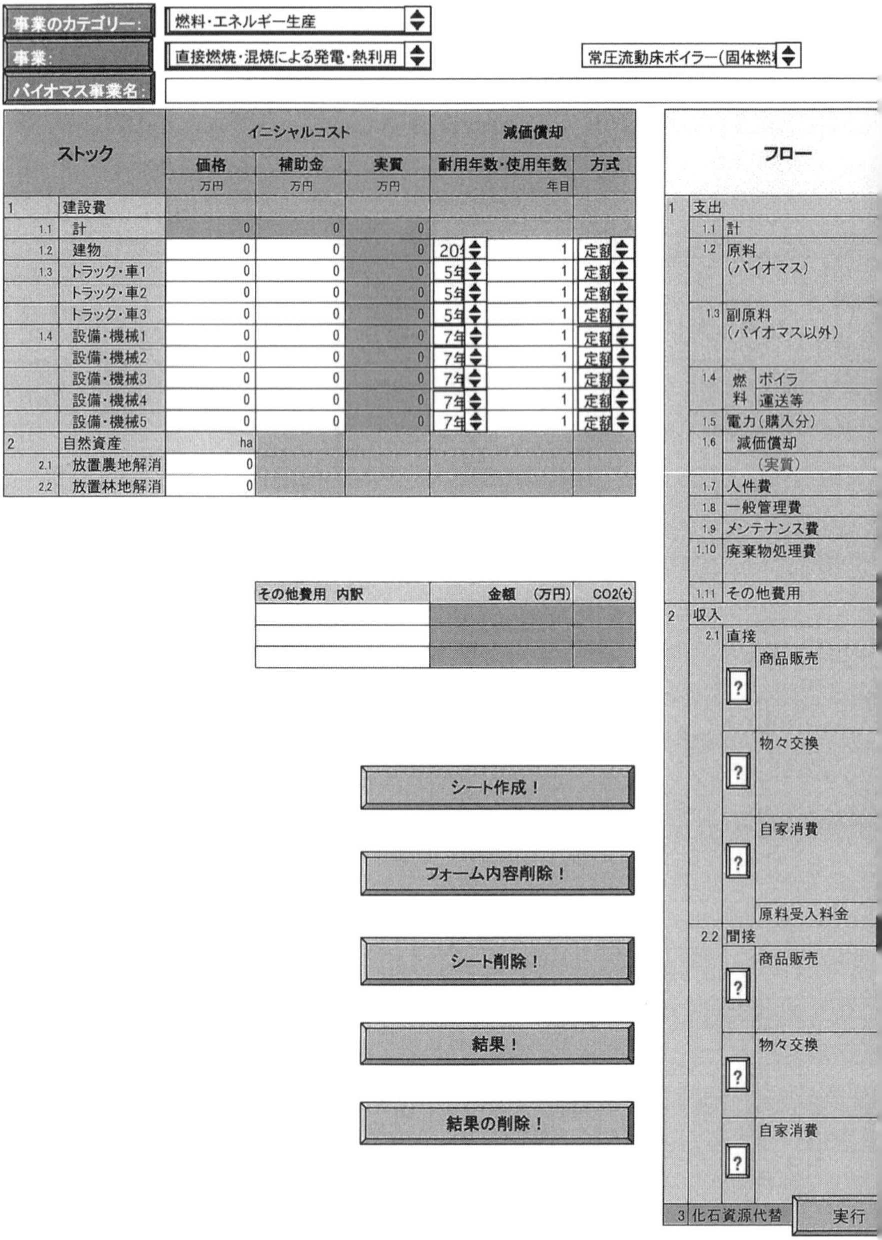

事業のカテゴリー:	燃料・エネルギー生産
事業:	直接燃焼・混焼による発電・熱利用	常圧流動床ボイラー(固体燃)
バイオマス事業名:	

ストック		イニシャルコスト			減価償却	
		価格	補助金	実質	耐用年数・使用年数	方式
		万円	万円	万円	年目	
1	建設費					
1.1	計	0	0	0		
1.2	建物	0	0	0	20年	1	定額
1.3	トラック・車1	0	0	0	5年	1	定額
	トラック・車2	0	0	0	5年	1	定額
	トラック・車3	0	0	0	5年	1	定額
1.4	設備・機械1	0	0	0	7年	1	定額
	設備・機械2	0	0	0	7年	1	定額
	設備・機械3	0	0	0	7年	1	定額
	設備・機械4	0	0	0	7年	1	定額
	設備・機械5	0	0	0	7年	1	定額
2	自然資産	ha				
2.1	放置農地解消	0				
2.2	放置林地解消	0				

フロー	
1	支出
1.1	計
1.2	原料（バイオマス）
1.3	副原料（バイオマス以外）
1.4	燃料　ボイラ　運送等
1.5	電力(購入分)
1.6	減価償却（実質）
1.7	人件費
1.8	一般管理費
1.9	メンテナンス費
1.10	廃棄物処理費
1.11	その他費用
2	収入
2.1	直接
	商品販売
	物々交換
	自家消費
	原料受入料金
2.2	間接
	商品販売
	物々交換
	自家消費
3	化石資源代替	実行

その他費用　内訳	金額 (万円)	CO2(t)

- シート作成！
- フォーム内容削除！
- シート削除！
- 結果！
- 結果の削除！

第4章 やり方次第でこんなに違う、環境効果と地域効果——効果を計ろう「バイオマス会計」

	資源領域						環境領域		
	利用・生産・代替			地域内		地域外		負荷および効果	
	種類	数量	単位	利用・供給		移入・移出		CO2	CH₄	N2O
				数量	単位	数量	単位	t	kg	kg
0								0	0	0
0										
0	女性就業員の給与計		万円	全就業員数		女性就業員数				
	灰(廃棄物)		t							
0										
	電力1		kWh		kWh		kWh			
	蒸気・温水1		MJ		MJ		MJ			
	灰1		t		t		t			
	電力2		kWh		kWh		kWh			
	蒸気・温水2		MJ		MJ		MJ			
	灰2		t		t		t			
	電力3		kWh		kWh		kWh			
	蒸気・温水3		MJ		MJ		MJ			
	灰3		t		t		t			
0										
	見学者受入		人		人		人			
	電力5		kWh		kWh		kWh			
	蒸気・温水5		MJ		MJ		MJ			
	灰5		t		t		t			
	電力6		kWh		kWh		kWh			
	蒸気・温水6		MJ		MJ		MJ			
	灰6		t		t		t			

- 代表的な利活用事例（14種）のシナリオを用意している。

ただし、開発中のものであり、以下のような課題もある。

- 研究のために開発してきており、ユーザーフレンドリーにはなっていない。
- 入力項目が多く（専門家向け）、一般向けにはなっていない。
- 14事業種のデフォルトフォームを用意しているが、それ以外の事業の追加にはプログラム（VBA）の書き直しが必要になる。

図1にバイオマス会計表の入力画面を示す。入力項目は多いが、何をいくら買って（物品量と金額）、何をいくら売ったか（物品量と金額）を記録する表になっている。言わばお小遣い帳あるいは家計簿のようなものである。家庭で家計簿をつけることで収支のバランスがわかるのと同じで、バイオマス会計表を記録して分析することで収支のバランスを把握することができる。家計簿から家庭が出す温室効果ガス（GHG）の排出量が計算できるように、バイオマス会計表から、そのバイオマス活用事業で排出する、あるいは削減するGHGの量が計算できることになる。また、関連する事業を記録して集計することで、地域全体の経済性、環境性の効果を計算できる（家族一人ひとりのお小遣い帳を集計することで全体の家計簿が完成されるイメージである）。

2 バイオマス会計表の使用例

計算事例1：生ごみのメタン発酵

第1章で紹介した大木町は、生ごみのメタン発酵を中心として、生産される消化液を肥料（液肥）に用いて「環境のまちづくり」を行っている。ここで行われている事業を表1に示す。事業1～3が廃棄物処理に関わる事業、事業4～7が液肥を用いての農産物生産、事業8～9が生産された農産物を利用した事業、事業10が観光事業となっている。

これらの事業のデータをバイオマス会計表で計算してみた。全体での事業収支の結果を図2に示す。全体で4億円強の支出に対して、4.5億円を超え

第4章 ■やり方次第でこんなに違う、環境効果と地域効果──効果を計ろう「バイオマス会計」

■表1　大木町で行われている「環境のまちづくり」事業

事業1	廃棄物収集
事業2	おおき循環センター：メタン発酵事業
事業3	菜の花プロジェクト：BDF製造事業
事業4	液肥を使った米の生産、販売
事業5	液肥を使った麦の生産、販売
事業6	液肥を使った菜種の生産、販売（菜の花プロジェクトの一環）
事業7	液肥を使った野菜での生産、販売
事業8	くるるんレストラン運営（液肥を使った農産物利用）
事業9	道の駅での液肥を使った農産物の販売
事業10	バイオマスツアーくるるん（観光）

る収入があった。収入の中の商品販売収入は主に農産物の販売収入で、間接収入は主に廃棄物処理費用の削減分と農産物生産における化学肥料の削減分である。支出のうち、大きなものは減価償却費であった。これは主にメタン発酵設備で公共事業投資分も含んだ金額である。次いで大きいその他費用は主に農産物生産の経費である。人件費は約4,000万円で、これは約10人の雇用に相当する。これらのことから、全体で収支を分析すると黒字になっており、また新たな雇用創出にもつながっていることから、良好な公共事業であるといえる。

事業収支以外にも環境性も計算できる。図3に

■図2　大木町の事業収支をバイオマス会計表で計算した結果

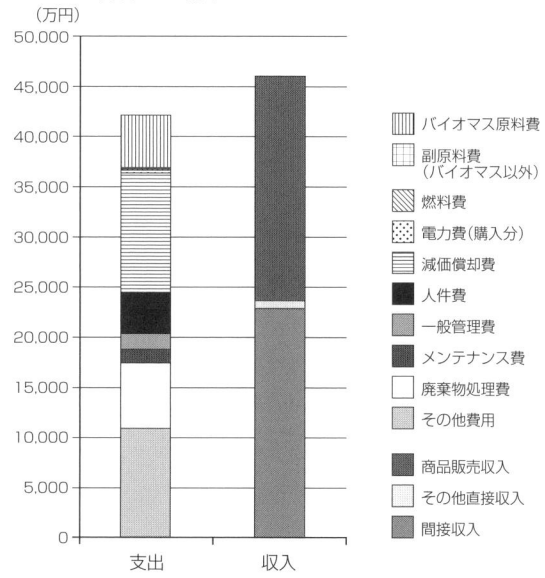

（凡例：バイオマス原料費／副原料費（バイオマス以外）／燃料費／電力費（購入分）／減価償却費／人件費／一般管理費／メンテナンス費／廃棄物処理費／その他費用／商品販売収入／その他直接収入／間接収入）

■図3　GHGの収支計算結果

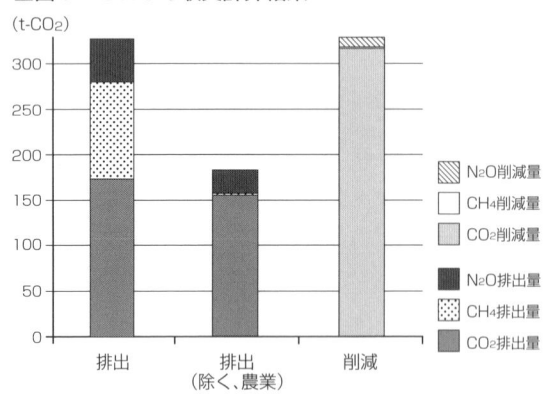

二酸化炭素（CO$_2$）に換算した温室効果ガス（GHG）の排出量と削減量を示す。GHGの排出量と削減量がほぼ同じになっており、事業全体ではGHG削減効果がないとの結果となった。これは農産物生産（農業）において、水田からのメタン（CH$_4$）発生や肥料の分解による一酸化二窒素（N$_2$O）発生があるためである。これは液肥を利用してもしなくても発生するものであるから、農業に伴うGHG排出を除いて計算すると真ん中の排出量となる。削減量が排出量を大きく上回る結果となった。削減のうち、CO$_2$削減は主にメタン発酵設備でのエネルギー生産によるもので、N$_2$O削減は主に液肥利用による化学肥料の削減によるものである。環境性の観点からも有益な取り組みであるといえる。

もし、地域協力がなかったら……

上で紹介した生ごみのメタン発酵では、地域の協力が得られ、循環型の町づくり政策と密接に結びつくことで良好に進んでいると考えられる。もし、地域の協力が得られず、消化液の利用ができなくなったとしたらどうなるであろうか。そのようなシミュレーションもバイオマス会計なら簡単に計算できる。表1のうち、事業1と事業2だけで計算してみればいいことである。もちろん、消化液が販売できないので、その処理費用、処理に伴うGHG排出量を追加して計上することが必要となる。

図4に計算結果を示す。3億円強の支出に対して、2億3,000万弱の収入しかなく、赤字になってしまった。間接収入には従来必要であった廃棄物処理費用の削減分が含まれているので、従来方法よりもコスト高になっている

といえる。GHGについては削減量が排出量を上回っており、環境性は良くなっているといえる。

実は、メタン発酵設備はその設備費用に比べて、得られるエネルギーの単価が安いことや、主要な生産物は消化液であり、これを利用できるかできないかでその全体事業収支が大きく変わることは専門家の間ではよく知られている。メタン発酵設備単独では事業収支が赤字になってしまうケースが多く、消化液を液肥として有効利用することで、液肥を利用する事業も含めて全体として収支のバランスをとることが重要であるといえる。

■図4　事業1、2での事業収支（上）とGHG収支（下）

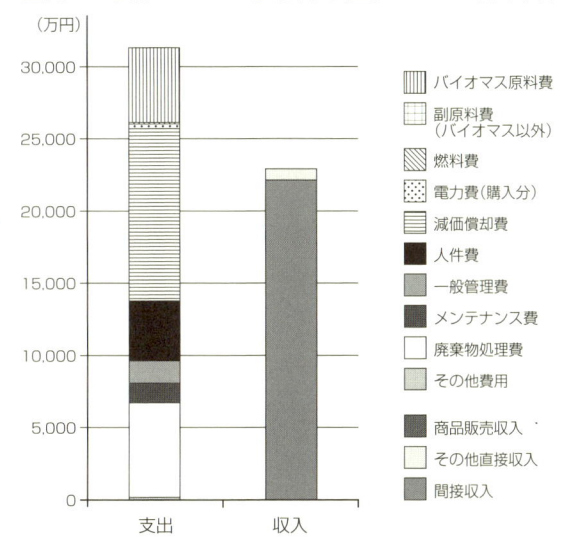

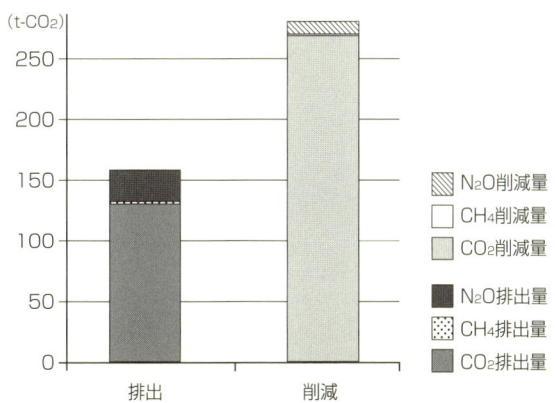

凡例（上）：バイオマス原料費／副原料費（バイオマス以外）／燃料費／電力費（購入分）／減価償却費／人件費／一般管理費／メンテナンス費／廃棄物処理費／その他費用／商品販売収入／その他直接収入／間接収入

凡例（下）：N_2O削減量／CH_4削減量／CO_2削減量／N_2O排出量／CH_4排出量／CO_2排出量

計算事例2：木質系バイオマスの利用

第1章で紹介したバイオマスタウン真庭は、木質系バイオマスを利用する様々な事業、それから波及した事業を行っている。表2にバイオマス利活用事業をまとめて示す。これら事業のデータを入手してバイオマス会計表で分析してみた。真庭市全体でのこれら事業による経済性の収支と温室効果ガス（GHG）の収支をそれぞれ図5、図6に示す。

119

■表2　バイオマスタウン真庭で行われているバイオマス利活用事業

事業1	チップ・樹皮の原料・燃料製造及び収集・ストック・販売（集積基地）
事業2・3	ペレット製造
事業4	木質バイオマス活用地域エネルギー循環システム化試験（ボイラー熱利用）
事業5	樹皮を燃料として用いたボイラによる省エネルギー
事業6	チップによる蒸気供給
事業7	製材廃材及び樹皮による木材乾燥用蒸気供給実験施設
事業8	ガス化実験施設
事業9	ペレットボイラによる園芸ハウストマト製造
事業10	ペレットボイラによる温水プール運営
事業11	ペレットによる冷暖房システム実験
事業12	林地残材チップによる冷暖房システム
事業13	バイオマス発電
事業14	木片コンクリート製品製造販売
事業15	ペレット販売
事業16	バイオマス理解醸成
事業17	バイオマスツアー（観光）

　図5に示すように、商品販売による収入は全支出を下回っているものの、省エネによる燃料費削減などの間接収入を含めると、全収入は全支出を大きく上回っており、バイオマスタウンとして良好な経済性を示している。支出の中の人件費は年間約8,000万円であり、これは20人程度の雇用が生まれていることを意味する。GHGの収支についても、削減量が排出量を大きく上回っており、温暖化対策として大きな効果を得ていることがわかる（図6）。

バイオマスの利用率の変化

　バイオマスタウン真庭での多くの取り組みによって、どの程度バイオマスの利用率が増えたのであろうか。地域でのバイオマスの賦存量がわかれば、物量は記録しているので、バイオマスの利用率も会計表で簡単に計算できる。真庭市バイオマスタウン構想書によると、市内で発生する木質系廃材（建設業などからの産廃木屑と製材所などからの残材）は約11万8,400 t／年で、そ

第4章 ■やり方次第でこんなに違う、環境効果と地域効果——効果を計ろう「バイオマス会計」

の91％、約10万7,800 t／年が再利用されており、さらに約2,800 t／年（2％）の資源化を図る計画となっている。未利用木材（未利用間伐材、林地残材など）については、発生量は約5万7,100 t／年で、風倒木処理として約7,800 t／年が再利用されており、新たに約1,300 t／年（2％）の資源化を図る計画になっている。

　図7に事業1でのバイオマスの利用率を示す。事業1では2008年と2011年に調査を行っており、取り組み量の推移もわかっている。図7に示すように、木質系廃材の利用率は横ばいであったが、未利用木材の利用率は4％から8％に倍増して

■図5　バイオマスタウン真庭の事業収支計算結果

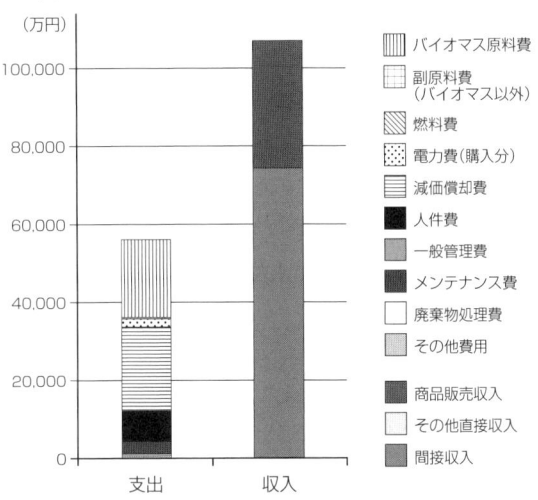

■図6　バイオマスタウン真庭のGHG収支計算結果

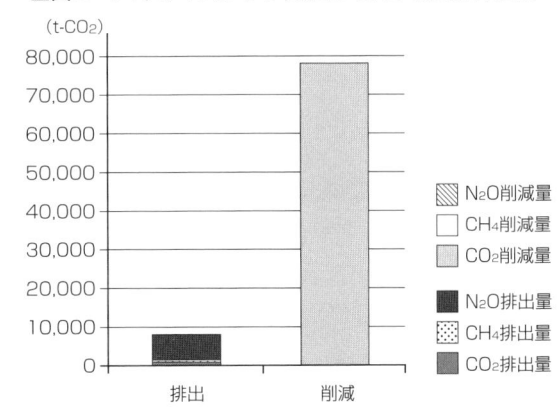

いることがわかった。これは計画量（2％）を大きく上回る数字である。ちなみに事業1〜17の全体でのバイオマス利用率（2008年調査）は、木質系廃材、未利用木材それぞれ36.4％、4.2％であった。このように経年で記録をつければ、経年変化を見ることもでき、どの程度目標に近づいているかもわかる。

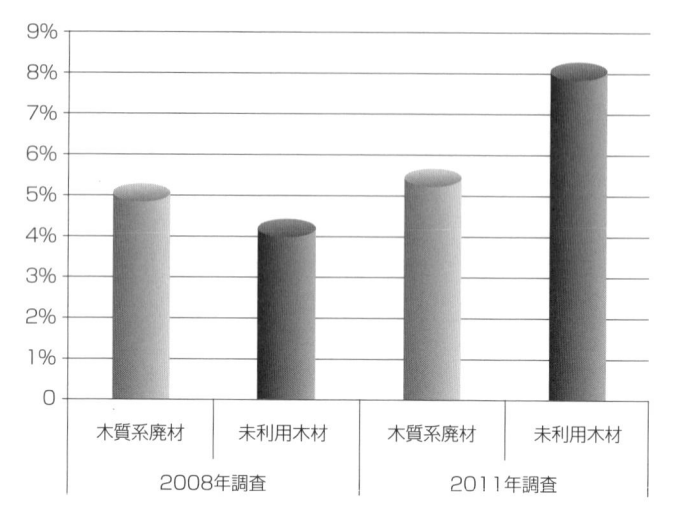

■図7　事業1でのバイオマス利用率の推移

　事業16、17は教育や観光事業である。バイオマス会計表ではこれらの事業への参加者数を記録することができる。未記録の事業もあるが、バイオマス事業1〜17への参加者数の合計は2,436人で、事業16＝240人、事業17＝2,194人であった。参加者数を社会的波及効果を計る指標として使うこともできるであろう。

> キーパーソンが語る3

連携でつくる
民間主導のバイオマスタウン

森田　学
真庭市産業観光部バイオマス政策課上級主事

　真庭市のバイオマス利活用のきっかけは、今から約20年前にさかのぼります。平成の初頭に南北を通る高速道路（中国横断自動車道〔米子道〕）の建設により、東西を通る高速道路（中国自動車道）とちょうどクロスするところが真庭地域となり、交通の便は良くなるが、地域産業が都市部へ吸い取られるのではという危機感が生まれ、地域の若手経営者が中心となり、自主的に地域活性化を目指す勉強会「21世紀の真庭塾」が創設されました。

　「21世紀の真庭塾」では、「町並み再生部会」と「ゼロエミッション部会」に分かれ、様々な分野の専門家などを招いて勉強会を重ねてきました。民間主導により異業種の事業者が地域課題を共有し、現実的に何ができるかという解決策を検討してきました。これにより、様々なアイデアが生まれ、意識も高まり、その中で行政との連携も始まることで、地域一体となった具体的な地域活性化策の検討が進められてきました。

　2005年に「真庭市バイオマスタウン構想」及び「真庭市バイオマス利活用計画」を策定し、2006年4月には「バイオマスタウン」として公表を受け、真庭市としてバイオマス利活用の推進体制などが整いました。並行して、真庭市全域で木質資源を熱エネルギーとして活用するための実験事業を地域内関係者連携のもと始めました。その中で、資源の安定供給という課題が生まれ、この解決策として、製材事業者の組合が主体となり、地域連携のもと、2008年に「真庭バイオマス集積基地」が建設され、資源の安定確保が可能となりました。「真庭バイオマス集積基地」を拠点とした体制ができたことが大きなポイントとなり、様々な立場の方の情報が集積され、それをベースに、地域内関係者でそれぞれ若干メリットがある形で、価格設定などの合意形成が図れたと思います。

現在、市内で約4万1,000tの木質バイオマスが燃料として利用されています。これは、化石燃料を年間1万5,000kl代替することに匹敵し（エネルギー自給率11％）、今まで地域外から購入していた燃料が地域内の資源で賄えているということで、何らかの形で、地域内経済循環が生まれてきているのではと期待しています。

　また木質バイオマスを原料として「木片コンクリート（MOCO）」や「猫砂」などが商品化されるなど、エネルギー利用以外にも地域資源を活用した事業展開がなされており、地域関係者が絡み合い多面的な資源活用が行われています。

　さらにこのような資源活用の現場を視察に訪れる方が増えたため、観光にもつなげようと、(社)真庭観光連盟が窓口となり、木質バイオマス利用を中心に地域の特色を活かした観光ツアーとして、「バイオマスツアー真庭」を企画し、2006年度から運営を開始しました。今では年間約2,000人の参加者があり、他産業への波及効果としても大きく評価され、「新エネ大賞」などを受賞するなど地域の誇りにもつながっています。

　2010年、真庭市新本庁舎建設に合わせてバイオマスエネルギー利用による冷暖房設備の導入を行いました。これを契機に、国内クレジット制度の活用を検討し、環境負荷に価値を持たせ、その売却益は地域の森づくりに活用する、企業との共同事業を開始しました。(株)トンボ及び(社)真庭観光連盟の2社が、「未来につなぐ真庭の森づくり協定」もあわせて締結し、真庭市の特徴である森林などの地域資源を有意義に活用した幅広い交流事業が始まっています。「バイオマスツアー真庭」も環境に優しいツアーとなり、これまで以上に厚みのあるツアー化が実現しています。

　真庭市の取り組みにおいて、地域関係者が木質バイオマスの利用という一つの切り口で、地域産業の活性化を目指して、広範囲の業の皆さん（山、木材加工、農）が積極的に参加され、一体となって合意形成を図り、事業展開がなされていることが重要と考えます。そして、課題や検討事項などが発生するたびに関係者が合意を図るための場を設け、それぞれの立場の情報を出し合い情報共有を図ったこともポイントと考えます。新たな事業創出のため、

関係者が事業展開に対するアイデアや工夫などを常に考えられており、それを実行に移すための行動力なども含め、各種連携がとられているため、じっくりと検討した上で、早く動く体制がとりやすいものと考えます。

　行政としては、地域内外での理解醸成を積極的に行うことが重要と考えており、これまで同様、継続的に普及啓発活動として市民団体及び未来をになう小中学生などを対象とした出前講座や体験学習などを行うとともに、人材育成に力を入れ、バイオマス関連産業人材育成講座の実施や異業種交流の場づくりのサポートなどを行っていきたいと思います。

　また、バイオマス利活用の視野を広く持ち、できるだけ裾野を広げて、波及性、可能性、経済性などを高めることで、新たな事業化や波及効果を期待しています。まだまだ発展途上ではありますが、これまでの成果の蓄積をもとに、地域連携による化石燃料の代替量や自給率などを「地域の豊かさ」の評価指標と考え、それらのさらなる向上を図り、地域全体の付加価値化を図っていきたいと思います。

第5章 地域力を計る

　これまで、バイオマス利活用事業の収集→転換→利用のシステムの事業性・経済性（第2章・第3章）と地域社会への波及効果（第4章）について述べてきた。参加と連携を軸とする地域力がそれぞれに関係していた。本章では、地域力に焦点を当てて、具体的にどのような地域の取り組み施策が、事業性・経済性に効果があるのかについて考えたい。

1 地域力──行政力・企業力・住民力

地域力とは

　バイオマス利活用を推進するために必要な地域力が何であるかを把握するために、各地でヒアリングを実施し、アンケート調査を行った[1]。地域力は、地域の問題を地域で解決することができる力とするなら、バイオマス利活用事業における地域力とは、地域でバイオマス利活用事業を事業成果（事業性、実効性、波及効果）が出るように展開できる力として捉えることができる。

　前章までに、バイオマス利活用事業に取り組むに当たって、事業成果をあげていくために考慮すべきことを述べてきた。本章で扱う問題は、事業成果をあげることができる事業の仕組みをつくること、そしてそれを動かし続けることを、地域はどうしたら実現できるのか、ということである。この点で地域力を捉える。バイオマス利活用の地域の主役たち、住民、事業者（農家・林家・企業）、行政がそれぞれに地域力をつけることが大切であり、核心をなす地域力は、住民の参加力、事業者の連携力、行政のまちづくり力で

---

[1] アンケート調査は、大木町民（2010年3月）、真庭市民・朝倉市民（2010年9月）、真庭市及び朝倉地域の木質バイオマス関連企業（2010年9月）、都城市家畜ふん尿バイオマス関連企業・農家（2011年）、全国バイオマスタウン自治体（2012年8月）、全国バイオマスタウンの森林組合・JA（2012年8月）、全国のペレット工場・製材所・素材生産業者（2012年8月）である。

■図1　地域力

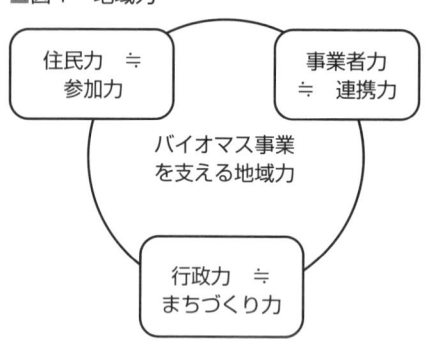

（図中）
住民力 ≒ 参加力
事業者力 ≒ 連携力
行政力 ≒ まちづくり力
バイオマス事業を支える地域力

ある（図1）。

　私たちは、各地のヒアリングやアンケート調査などを通して得られた情報から、住民、事業者、行政がどのようなことをなすべきかを整理した（表1）。最も重要なのは、いうまでもなく、バイオマス利活用事業及び関連事業・行動を行うこと（及び協力する意思）であり、それに関する理解である。バイオマス事業に関する理解とは、バイオマスが何で、どのような利用法があるのかという理解だけでなく、バイオマス事業の事業経済性（ビジネス性）への理解、まちづくり上の意味への理解、そして地域社会効果への理解である。バイオマス利活用事業への事業者と市民の協力意思に対して、こうした理解が共通に効いていることは、数度にわたる調査で裏づけられた。

　その上で、私たちが問題にしているのは、理解→行動という行動を引き起こす一般的なパターンではなく、その理解はどのようにしたら多くの人々から得られるかということであり、そして人は理解（理念）だけでは行動しないので、行動を促す社会的条件は何か、ということである。さらに、行動してもそれが失敗に帰結しては問題解決にならないのであるから、真に問題を解決できる方法を見つけて実行するにはどうしたらよいか、ということである。

　表1では、事業者が事業の主体として有しておくべきこととして、計画作成力、原料確保や販売確保などの事業経営力、広報力、人材育成力、連携力を挙げた。計画作成力や事業経営力はどのような事業であれ必要とされるものであるが、連携力は、バイオマス利活用事業にとって特に必要不可欠のものとして、各地のヒアリングで指摘された。

　住民についてはどうであろうか。住民には、分別などの社会的協力行動はもちろんのこと、消費者として関連商品需要を支えること、直接的なバイオ

第5章 ■ 地域力を計る

■表1　地域における行動主体と具体的な地域力

大項目	小項目	関係主体 住民	関係主体 事業者	関係主体 自治体事業	行政の取り組み 大項目
バイオマス事業への協力行動	供給（生産）協力行動・関連事業行動	○	○	○	行動基盤の創出・連携・広報
	需要（消費）協力行動	○	○	○	
	社会的協力行動	○	○	○	
バイオマス利活用に関する理解	バイオマスに関する一般的理解	○	○	○	広報・計画作成・連携
	まちの取り組みと目的の認識（まちづくり上の位置づけの明確さ、バイオマスによるまちづくりのイメージの共有）	○	○	○	
	ビジネス性の認識	○	○	○	
	地域波及効果認識（環境・経済・地域社会）	○	○	○	
事業体制	トップと現場のコミュニケーション		○	○	庁内体制
	専門部署の創設		○	○	
	横断型連携		○	○	
	専門職員の長期配置		○	○	
計画作成	メーカーやコンサル任せにしない		○	○	計画作成
	多角的で慎重な検討		○	○	
	参加型の計画作成			○	
	まちづくりや地域的特性を踏まえた立案		○	○	
収集・転換・利用における経済性の創出	原料の安定調達策・協定		○	○	事業（経営）支援（情報・モデル・連携・公的需要・補助金その他）
	コストダウン策		○	○	
	自社メンテナンス		○	○	
	品質確保		○	○	
	需要確保策・協定		○	○	
	2次的需要拡大策		○	○	
	ブランド化		○	○	
	補助金		○	○	
	J-VER、CDM		○	○	
	経営コンサルティングの活用		○	○	
	ビジネスモデルの充実		○	○	
広報	多様なツールの採用		○	○	広報
	自社イメージの向上		○		
人材育成	創新力・経営力・市場拡大力・コミュニケーション力・技術力その他		○	○	人材育成
	人材育成のための体制や講座の整備		○	○	
	キーパーソンの発掘・登用・育成		○	○	
連携行動	対行政		○		連携（場づくり・協議会・勉強会）
	対事業所（域内・域外）	○	○	○	
	対住民		○	○	
	対研究機関		○	○	
参加（画）行動	対行政	○			参加・広報
	市民活動	○			
	地域団体	○			
環境行動	環境行動	○	○	○	広報・人材育成・活動支援
	環境消費	○	○	○	
	環境意識	○	○	○	
地域貢献行動	地域貢献活動	○	○	○	
	地産地消行動	○	○	○	
	地域愛	○	○	○	
社会関係資本	信頼・交流	○			参加・連携
	会議外での懇親・懇談	○	○	○	

マス利用商品の消費だけでなく協力企業の商品・サービスを利用するなどの行動が期待される。そうした協力行動に関係している住民の地域力としては、環境行動、地域貢献行動、参加行動が挙げられる。そして後に見るように、これらの中でも参加行動が最も大きな役割を担う。また住民であっても、バイオマス事業に関連する事業、例えば民宿事業や特産物販売などを行う場合がある。これは上の事業者のパターンで捉えることができるので、住民力では扱わないことにする。

　行政としては、事業者や住民の自主的で主体的な行動を促進する仕組みづくりをすることが重要である。その際に、バイオマス利活用事業という狭い枠ではなく、まちづくりの中に位置づけていくことが、地域の中で広く協力行動を引き起こしていく上で鍵となる。もちろん行政がやるべきことはもっと多くある。事業経済性を考えた事業者支援、人材育成、自治体事業の事業経済性の確保等々。それらを束ねて、連携と参加の輪の中で、多くの人々が目的を共有し、地域としてバイオマス利活用事業を推進していくためには、「まちづくりとしてのバイオマス」という視点が重要である。

　私たちは、多くの調査から上のような考えを導き、調査によって検証するという作業を繰り返した。その過程で、各主体がなすべきことの捉え方（地域力の項目）に多少の違いがあったりしたけれども、調査結果は大筋で私たちの考え方を裏づけるものであった。以下に調査結果の一部を紹介したい。

全国バイオマスタウン調査

　ここで紹介するのは、2012年8月に実施した全国バイオマスタウン調査である。アンケートの依頼先は、バイオマスタウンの自治体、JA、森林組合、及び全国の素材生産者、製材業者、ペレット製造業者である（表2）。アンケートの質問事項は、生ごみ、木質、家畜の各バイオマスの事業性・経済性及び地域力の考え方を反映した取り組み施策に関する質問である。他の調査結果は、この全国調査を補完する形で用いたい。

■表2　アンケート送付先と回収率

送付先	送付数	回収数	回収率（%）
バイオマスタウン構想公表自治体	317	143	45.11
同上自治体内　ＪＡ	247	58	23.48
同上自治体内　森林組合	173	85	49.13
素材生産業者	288	68	23.61
製材所	47	24	38.02
ペレット工場	71	27	51.06
合計	1,143	405	35.43

2 自治体における地域力と取り組み

パフォーマンスと取り組み

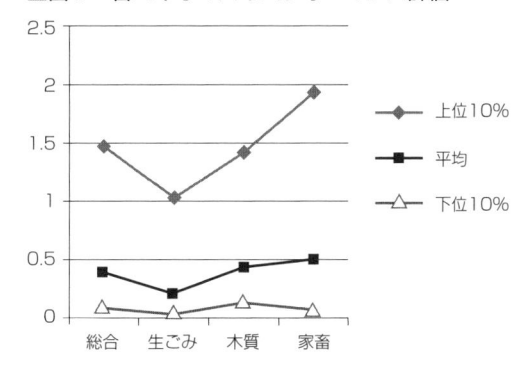

図2は、自治体のバイオマス利活用事業のパフォーマンス評価項目の統合グラフである。収集・転換・利用・地域効果ごとにパフォーマンス評価項目（表3）を統合し、さらに全体で統合した。パフォーマンス評価は、総務省による評価書と第2章～第4章で述べた事業評価の考え方をもとに作成した。上位10%自治体と平均値と下位10%自治体の間には大きな開きがある。

次に自治体が、前述した地域力に基づく取り組みをどの程度行っているかを取り組み評価として4点満点に転換した。すると、パフォーマンス総合評価の上位と下位で、取り組みの状況が大きく異なることがわかった。取り組みをよく行っている自治体ほど、バイオマス利活用事業のパフォーマンスが良い。それは総合評価だけではない。

もう少し説明しよう。表1をもとに、住民・事業者・行政の地域力を増進し、事業を展開するための行政の取り組みについて多くの質問を行い、パフォーマンスに相関を有するものにつ

■図2　各バイオマスのパフォーマンス評価

■表3　バイオマス資源ごとのパフォーマンス評価項目

生ごみバイオマス

収集	1人当たり家庭生ごみ収集量 t当たり生ごみ収集費用 異物混入状況
転換	建設費（／t） 管理運営費（／t） 収入／支出 稼働率 修理・メンテナンス状況 バイオガス発電効率 原料利用効率
利用（消費）	生成物の供給状況 堆肥・液肥販売量 利用農家軒数 利用農産物の販売状況
波及効果	他のごみの分別効果 住民参加への効果 農家の有機栽培に対する意欲

木質バイオマス

収集	木質残材の収集率 木質残材年間収集量
転換	資源化施設数
施設効率	建設費（／t） 管理運営費（／t） 収入／支出 稼働率 修理・メンテナンス費用 原料調達費 原料利用効率
利用（消費）	チップなど利用事業 設備導入数（民間） 設備導入数（公共施設）
波及効果	観光など関連事業効果 森林保全など環境効果 CO_2排出量減少 地域エネルギー自給率

家畜ふん尿バイオマス

収集	受入総量 発生に対する原料調達率 異物混入状況
転換	資源化施設数
施設効率	建設費（／t） 管理運営費（／t） 収入／支出 稼働率 修理・メンテナンス状況 バイオガス発電効率 原料利用効率
利用	生成物の供給状況 堆肥・液肥販売量 利用農家軒数 利用農産物の販売状況
波及効果	地域効果 生産コスト変化 作物の品質変化

■図3　取り組み評価の総合（全体）

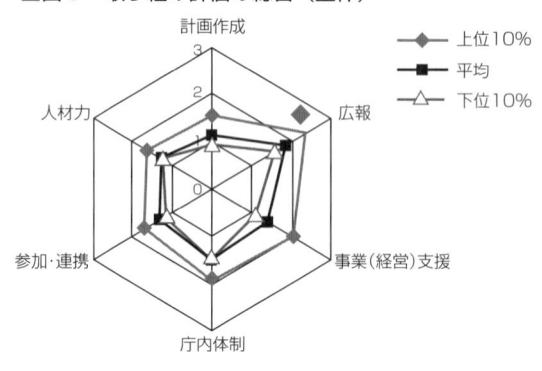

いて相互に相関分析を行って、中項目及び大項目にまとめていった。そして庁内体制、計画作成、広報、事業支援、連携・参加、人材育成の大きな6分野にまとめた。その6つの分野の総合点で、パフォーマンス評価上位と下位を示したものが図3である。すべての分野で取り組みの程度はパフォーマンス評価と有意な相関があり、取り組みを頑張っている自治体ほどパフォーマンスを上げていた。

このアンケートによるパフォーマンス評価は、自治体による自己評価結果とも重なる。図4では、各バイオマスのパフォーマンスの上位自治体ほど、順調と答えた割合が高かった。林地残材については、上位自治体でも、順調

だけでなく、課題があると答えた割合が高い。これは前章までに述べた林地残材の搬出と資源化に特有の問題があることを示している（第2章、第3章を参照）。パフォーマンス評価項目に答えながら、自己評価項目に答えなかった無回答を課題を抱える自治体と見なせるであろうが、生ごみと家畜ふん尿では、上位自治体の過半数（家畜ふん尿では8割）が順調と答えており、パフォーマンス評価は、一定の妥当性を持つといえよう。

これらは課題を乗り越える自治体と、なかなか乗り越えられない自治体との間に、地域力や取り組み手法などに違いがあることを示唆する。そのことはまた、

■図4　自治体による自己評価

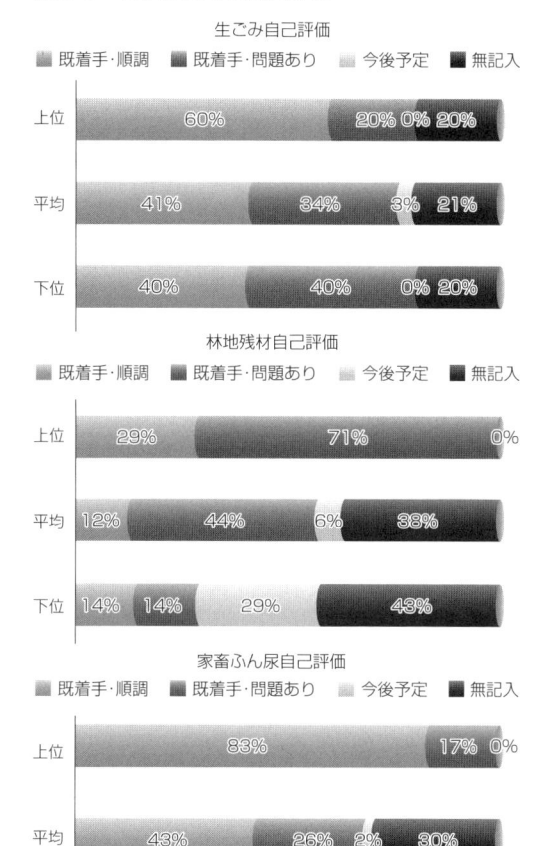

生ごみ自己評価
■既着手・順調　■既着手・問題あり　□今後予定　■無記入

	既着手・順調	既着手・問題あり	今後予定	無記入
上位	60%	20%	0%	20%
平均	41%	34%	3%	21%
下位	40%	40%	0%	20%

林地残材自己評価
■既着手・順調　■既着手・問題あり　□今後予定　■無記入

	既着手・順調	既着手・問題あり	今後予定	無記入
上位	29%	71%		0%
平均	12%	44%	6%	38%
下位	14%	14%	29%	43%

家畜ふん尿自己評価
■既着手・順調　■既着手・問題あり　□今後予定　■無記入

	既着手・順調	既着手・問題あり	今後予定	無記入
上位	83%		17%	0%
平均	43%	26%	2%	30%
下位	33%	17%	17%	33%

やり方次第で、バイオマス利活用事業をうまく推進できる余地が大いにあることも示唆しているのである。

次に6つの分野について具体的に上位自治体の取り組みを見ていきたい。

連携

連携は、バイオマス利活用事業やバイオマスのまちづくりに関わる主体の

■図5　参加・連繋の内訳

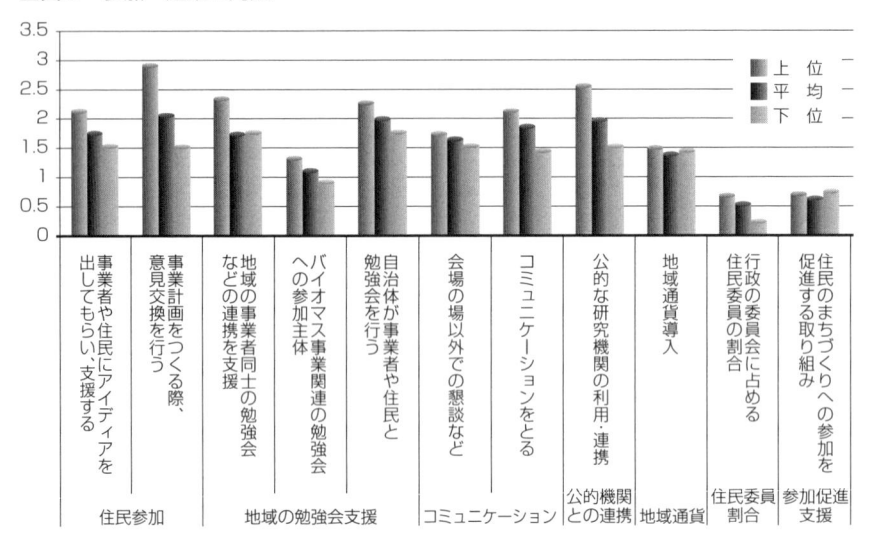

間の協力行動のことである。事業者と事業者との連携が最も重要であるが、事業者の連携を下支えする自治体と事業者との連携もある。自治体側からすると、民間とのコミュニケーションをとり、意見をとり入れる側面があるために、住民参加と部分的に被る。そのためアンケートでは「参加・連携」という大項目のくくりとした。

連携には、次のようなものがある。

①情報交換や情報共有
②学習会
③協議会
④事業の部分的な連携（取引協定など）
⑤共同事業

バイオマス利活用事業が経済的効率性を確保しようとしたら、ある程度の事業規模が必要となる。例えば宍粟市では、兵庫県が媒介して、木材事業者が集まり新しい会社をつくって大規模製材所を立ち上げた（36ページ参照）。他にも宮崎県が連携の場づくりをして共同出資型で成功した宮崎バイオマス

（株）（鶏ふん発電）などがある。宮崎県は畜産王国で、成功した鶏ふん発電事業がいくつかある。いずれもふんの収集に事業者ネットワークが有効に作用している。

　共同事業を行わない場合であっても、連携は非常に重要である。

　真庭市で地域の経営者たちの自主的な勉強会（21世紀の真庭塾）が地道に続く中で、バイオマスによるまちづくり像を自分たちでつくり上げ、そしてそれぞれにバイオマス利活用事業に乗り出した。それらの企業は連携活動がなかったとしたら、単独では投資を伴うバイオマス事業を行わなかった可能性がある。そしてその後も、行政を巻き込んで連携活動は続き、木材集積基地の建設やそれをベースにした取引などが合意されてきている。このあたりのことは第1章4や真庭市の森田学さんのコラムを参照してほしい。

　新しい事業は単独であれ共同であれ、すぐに始まるわけではない。多くは①情報交換から始まり、時間をかけて②学習会や③協議会を繰り返し行って、地域における連携関係を形成していきながら事業化を行う。何度も繰り返すが、収集—転換—利用というプロセスが太く流れていくためには異なる主体との連携が非常に重要なのである。成功したバイオマス事業には成功した連携があり、その陰に場づくりや関係づくりを継続的に行った自治体の努力がある。

　真庭市の木質バイオマス関連事業者に対するアンケート調査（2010年実施）で利活用行動に対して相関関係を持っていた項目をもとに、因果関係を推定分析した（図6：共分散構造分析[2]）。そこでは影響関係のグループが浮かび上がった。経済性を考慮する要因の系列と、環境貢献・地域貢献を考慮する要因の系列があり、地域連携の推進は、両方から影響を受け、影響を与える要因として作用する重要な要因であった。事業者行動にとって、経済的な意味でも社会貢献の意味でも、連携が強く作用している。

　地域のネットワークの形成は、企業にとって経済活動のインフラストラク

---

[2] Yuemeng ZENG, Kayoko KONDO and Shiro HORI, 'A Covariance Structure Analysis on the Woody Biomass Utilization of Companies in Maniwa City, Okayama, Japan', *Journal of Environmental Information Science*, 2013

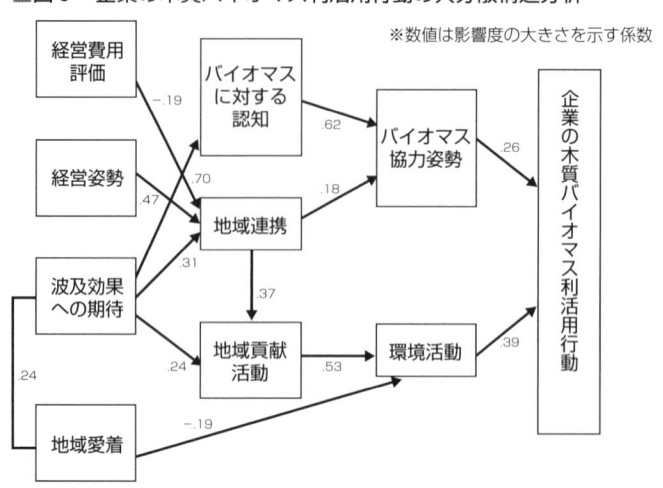

■図6　企業の木質バイオマス利活用行動の共分散構造分析

※数値は影響度の大きさを示す係数

[図：経営費用評価→バイオマスに対する認知(-.19)、経営姿勢→バイオマスに対する認知(.70)、経営姿勢→地域連携(.47)、バイオマスに対する認知→バイオマス協力姿勢(.62)、地域連携→バイオマス協力姿勢(.18)、バイオマス協力姿勢→企業の木質バイオマス利活用行動(.26)、波及効果への期待→地域連携(.31)、地域連携→地域貢献活動(.37)、波及効果への期待→地域貢献活動(.24)、地域貢献活動→環境活動(.53)、環境活動→企業の木質バイオマス利活用行動(.39)、波及効果への期待→地域愛着(.24)、地域愛着→地域貢献活動(-.19)]

チャーとして機能するし、地域貢献活動を促す人間的な動機の形成にも役に立つであろう。

　連携には、協働する相手との信頼関係の醸成が何よりも大切である。会議の場以外で、毎週のようにお酒を飲んで語り合ったという話は、いくつもの地域で事業者や自治体職員から聞いた。

　参加も連携も、大事なのはコミュニケーションで育む人の気持ちである。一緒に活動する相手を信頼し、一緒にやりたいと思う気持ちの育みがなければ、参加も連携もありえない。行政であれ企業であれ、自らを他者に開き、協働を具体化していく基盤がつくられていく。

　連携では、大学などの研究機関、県や国の公的機関との連携も大事である。生成物の品質の認証や大型プロジェクトの活用などである。

参加

　ここでいう参加とは、行政が企画する仕組みで何らかの期待される受動的な行動を行うこと（例えば生ごみを分別する、あるいはイベントへの参加など）ではなく、行政によるバイオマス事業あるいはバイオマスのまちづくりに対して、住民の意思を何らかの形で反映させる機会を住民が有することで

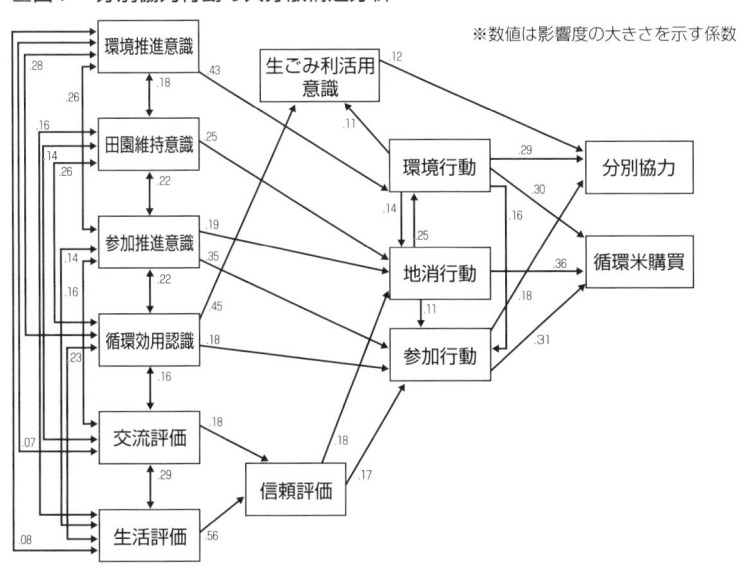

■図7　分別協力行動の共分散構造分析

※数値は影響度の大きさを示す係数

　ある。「市民参加のはしご[3]」のように厳格な意味での住民による意思決定を想定しているわけではなく、住民が自分の意思をまちづくりの取り組みに反映できる機会が形式的ではなく実質的に与えられているかどうかで、様々な形の参加を幅広く含む。アンケート項目では、住民意見を反映させる機会がどの程度設けられているか、出てきた住民意見への態度（歓迎・尊重かどうか）、行政委員会での住民委員の割合などを設けた。パフォーマンスが良い自治体は幅広く参加に取り組んでいた。

　参加が持つ意味を掘り下げてみたい。大木町民へのアンケート調査（2010年実施）において、住民の協力行動として、生ごみの分別排出行動と液肥利用の循環米の購買行動を設定して、先の真庭市企業と同じ手法で影響関係を分析した[4]。図7がその結果である（各項目＝変数は複数の質問結果を主成分

3）「市民参加のはしご」とは、米国の社会学者シェリー・アーンスタインが提示したもので、操作としての参加から、市民管理としての参加まで8段階が示されている。
4）近藤加代子・掘史郎・永野亜紀「家庭系生ごみのバイオマス利活用にむけた地域の協力行動の影響要因の分析――大木町を事例として」『芸術工学研究』16、2012年

■表4　参加行動に対する重回帰分析

	回帰係数（標準化）	t値	有意確率
（定数）		11.50	0.00
信頼できる人が多い	0.18	2.97	0.00
行政は信頼できる	0.03	0.37	0.71
行政は住民意見を尊重する	0.27	3.49	0.00

分析に基づいて合成している）。生ごみ分別排出行動と液肥を利用した循環米購買行動の両方に直接影響を持っていたのは、環境行動と参加行動であった。農家を対象にした影響関係分析では、液肥利用意向に直接関係していたのは、参加行動と有機農業への関心であった。参加行動のみが、生ごみバイオマス利活用を支える住民と農家の協力行動のすべてに対して直接的な影響関係を有していたのである。

　参加行動に対して、環境行動、地産地消行動、循環効用認識、参加推進意識、信頼評価が影響を有していた。大木町のまちづくり計画（総合計画）から導かれた項目である環境負荷低減、田園環境保全、住民参加の推進、循環効用認識が、まんべんなく環境行動、地産地消行動、参加行動に影響を与え、具体的なバイオマス協力行動に影響していた。人々の参加行動は、ただ単に参加をすべきという理念から起こるのではなく、人々がまちづくりの理念・目的やイメージを共有していることが大切であることを物語る。まちづくり像の共有は、大木町以外の調査においても、住民だけでなく、企業の協力行動に対しても影響を与えていた。バイオマスだから環境だけと狭く考えず、バイオマス利活用でどのようなまちをつくるのか、まちづくりの観点をしっかり持って発信することが大切である。

　さらに住民参加の推進にとって重要な観点として、信頼がある。図7で参加行動に影響を有していた。信頼と参加は、社会関係資本の鍵となる概念である。社会関係資本は、社会におけるある関係性（信頼など）が、有益な社会的帰結を生み出すことに寄与するとして近年注目されている。信頼は結束型社会関係資本の一つでもあり、「小さな町だから当然だ」「小さな町だから協力行動が高いのだ」と思われがちであるが、この場合はそれとは少し異なる。

　参加行動と信頼評価は前述のように主成分分析に基づく合成変数である。

参加行動は、「町役場のまちづくり活動へ参加」「町内会活動へ参加」「町役場への意見表明」の３つからなる。信頼評価は、「この町には信頼できる人が多い」「行政は信頼できる」「行政は住民意見を尊重する」からなる。参加も信頼も、他の質問項目もあった中で、これらのまとまりに析出された。信頼評価を構成する個別の変数で、参加行動に対して重回帰分析をした結果が表４である。最も高かったのが、行政が自分たちの意見を尊重するであろうという信頼感であった。人々が信頼できるという結束型の信頼も効いていたが、行政が住民意見を尊重するという信頼よりは影響が低かった。

　参加行動には、２種類ある。受動的な協力行動と、働きかけや提案を含む積極的で主体的な行動である。両者の区別はあいまいだし、前者がなければ後者もないであろう。しかし前者がお付き合いでも発生するのに対して、後者は、自分の発言や行動が無駄にならない、何らかの形で受け止められるという信頼がある関係で発生する。お付き合いの行動は他者からの働きかけや周りの目がなければ継続しない。後者の自主的な行動は、結果を伴う時、内的な喜びを伴って持続し、自ずと次のステージへと発展する。そして前者は通常の人間関係で発生し当該社会の質に規定されるが、後者は、参加と協働の仕組み（庁内体制も含めて）の中で発生する。仕組みをつくることで生み出しうる信頼なのである。

　大木町の境公雄環境課長は、ヒアリングで次のように述べた。「上から政策を押しつけるのではなく、ボトムアップ式に住民からの意見をとり入れるまちづくりが理想です。住民の方たちが、自分が頑張ると成果が見え、まちづくりとの関わりが見えることが大切です」。くしくも檮原町の前町長・中越武義さんも同趣旨のことを言っている。中越さんは、町長に着任して初めて総合計画をつくる時に、コンサルタントに頼むことをやめ、住民らとともにつくった。彼らに町の隅々まで歩いてもらい、人々と語らってもらい、みんなで議論した。そして提案された事柄について、すべてではないにしろ町長の強い意志で実現していった。「地域の人々は、自分が考えて提案したことが実現することで誇りと自信を持つ。そのことが大切なのです」と中越さんは述べている。[5]

バイオマス利活用事業は、普通の環境事業や公共事業とは全く異なり、地域の企業や住民が主体となって行動を広げていくことが極めて重要である。その主体的なバイオマス利活用行動を支えるのは、参加意欲であり、行政が自分たちの意見を尊重するであろうという信頼である。人々をやる気にさせる参加とは、ただの協力でもないし、意見を言う場を与えることだけでもない。バイオマスタウンのまちづくりの達人たちが言うように、住民の意見が形の見える成果となって示されることが何よりも大切である。行政の手腕はここにこそ発揮されねばならない。

計画作成と庁内体制
　パフォーマンスが低い自治体における計画づくりの特徴は、計画づくりに参画する主体の種類が少ないことと計画作成期間が短いことである。さらにまちづくり（総合計画）への位置づけが不明確で、環境行政の枠内で取り組んでいるところが多い。
　また、計画を担当部署だけでつくってしまったところはあまりうまくいっていない。メーカーやコンサルタント任せにすると楽であるが、これもうまくいっていないところが多い。計画づくりの時に、メーカーやコンサルタント任せにならないためには、担当者が勉強しなくてはならない。学識経験者や研究機関への問い合わせもする必要がある（ただし学識経験者に頼って失敗した例もある）。
　最も大切なことは、バイオマス利活用事業に関係する地域の様々な主体が幅広く入って議論することである。それは時間がかかるプロセスだ。担当者の力量も必要である。しかし、それだけ地域の条件にフィットした案になるし、参加しているのは地域の各領域のキーパーソンだから、それから先は積極的に自分のことのようにして各方面に働きかけてくれることも多い。計画に時間はかかるけれども実りは大きい。上位自治体には、計画立案前だけでなく、成案後に地域から出た意見について対応し、時間をかけて案を見直し

5）境さんと中越さんの発言は、私たちによるヒアリングにおいてなされた。

■図8　計画作成の内訳

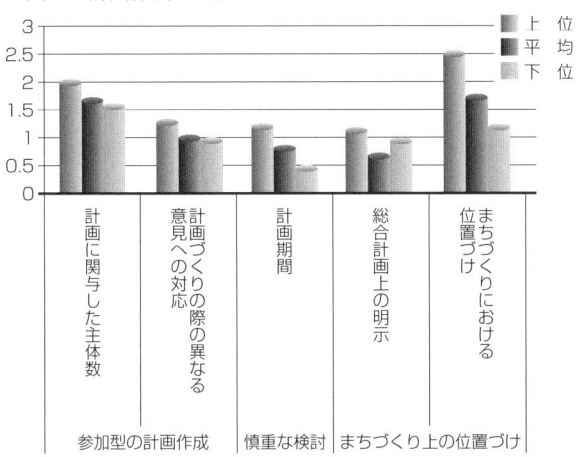

■図9　庁内体制の内訳

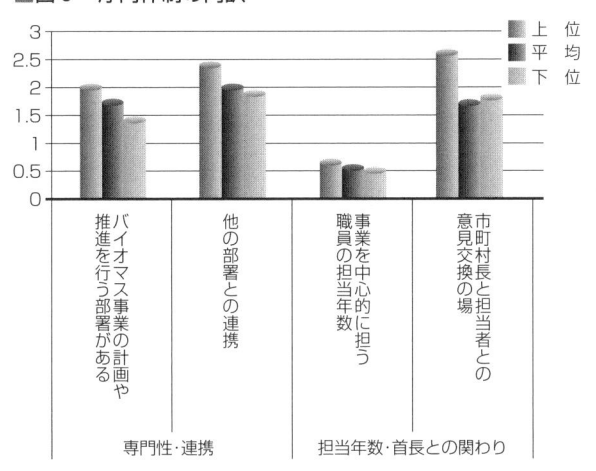

たところもある。

　計画期間の長さは、自治体の担当職員が、バイオマス利活用事業の事業性について自ら精査する場合にも必ず必要である。また、事業性を支える社会的条件に関して、コンサルタントが提供できるのは自然的資源の賦存量や都市計画などの条件という一般的な情報のみであって、それ以外の地域の事情や人的資源について熟知している、もしくは熟知すべく行動できるのは自治

体職員である。北海道上川郡下川町の高橋祐二さんは、バイオマス事業の計画について上司から任された時、バイオマス設備が本当に経済性を持ちうるのか、どのようなプランだったら可能なのか、時間をかけて事業の経済性を精査し、プランづくりをした。彼が最初に手掛けた町営五味温泉の木質ボイラーは現在黒字で稼働している。その後、国の環境共生モデル都市として多くの事業を展開している下川町だが、財政基盤が弱い小さな町だからこそ、事業の継続的な経済性と地域の循環的な経済効果を生み出すことに徹底的にこだわっている。

　総合計画（まちづくり）上の位置づけも重要である。それは前述のように、まちづくりとして多くの住民や企業が参加してくる土台をつくることになる。そして、バイオマス事業の推進体制をつくる上で重要である。成功したところは、バイオマスによるまちづくりというスタンスを明確にしているところが多い。

　庁内体制のつくり方も、パフォーマンスに関係している。温暖化と循環型社会だけなら環境課の所掌である。しかしバイオマスは産業や農業に関係するので全市的な取り組みとなる必要がある。初めの位置づけが環境に限定して始まると、役所の縦割りを越えられなくなってしまう。あるいは逆に、産業振興の部署が積極的にバイオマス事業を推進したいのに、環境部署が尻込みして事業が前に進まない例もある。首長が、まちぐるみで取り組む事業として明確な位置づけを与えて、各関連部署が縦割りを越えて連携していく体制づくりが大切である。その要として庁内に新しい部署をつくることも有効である。

　役場の体制づくりに欠かせないものの一つとして、役場のキーパーソンの育成がある。メーカーやコンサルタント任せにせず、彼らの力を役場の主導の下で有効に使うには、担当職員にそれなりの知識とリーダーシップが必要である。そして地域の多様な主体の巻き込みには人間関係の構築が必要である。３年で代わっていたら無理である。うまくいったバイオマスタウンのキーパーソンなった職員はある程度長く関わり、エキスパートとして内外の信頼が厚い。

■図10　事業者支援の内訳

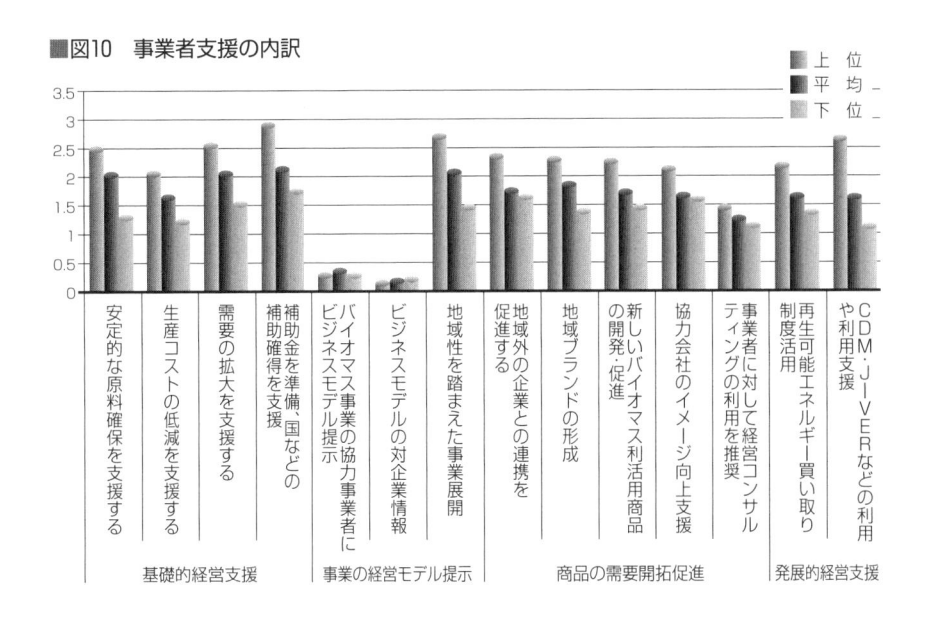

凡例：上位／平均／下位

横軸項目（左から）：
- 安定的な原料確保を支援する
- 生産コストの低減を支援する
- 需要の拡大を支援する
- 補助金を準備、国などの補助金獲得を支援
（基礎的経営支援）
- バイオマス事業の協力事業者にビジネスモデル提示
- ビジネスモデルの対企業情報
（事業の経営モデル提示）
- 地域性を踏まえた事業展開
- 地域外の企業との連携を促進する
- 地域ブランドの形成
- 新しいバイオマス利活用商品の開発、促進
- 協力会社のイメージ向上支援
（商品の需要開拓促進）
- 事業者に対して経営コンサルティングの利用を推奨
- 再生可能エネルギー買い取り制度活用
- CDM、JIVERなどの利用や利用支援
（発展的経営支援）

　また担当職員と首長との直接のコミュニケーションも大事である。首長は現場の声やアイデアを知ることができ、判断の幅が広がる。また庁内の長々しい稟議でいいアイデアがつぶれることもよくある話である。そういうところでは現場から創意ある意見をあげる雰囲気がなくなる。さらにわれわれの調査では、パフォーマンスの低い自治体ではキーパーソンが担当の中堅職員だけで広がりがないところが少なくなかった。たとえ担当職員に力があっても、労が多くて結果が伴わないのではもったいない。首長と担当職員がよく話し合い、風通しの良い庁内のコミュニケーションの中で、首長のリーダーシップを発揮しつつ推進体制づくりをしていくことがよいのではないだろうか。

事業（経営）支援と広報

　利活用事業の経営主体が自治体ではなく民間企業の場合、自治体が行えることは限られる。そこにおいても上位自治体は、幅広く積極的に取り組んでいる。設備投資に関する補助金の獲得支援や供与は多くの自治体が取り組ん

でいる。図10の基礎的経営支援における、原料調達、コスト削減、需要拡大の項目は、一般的な言葉の問いで、例えば「安定的な原料確保を支援する」に対して4段階で態度を聞いたものに過ぎないが、それでも下位自治体は、消極的な答えが多かった。民間事業所に行政がてこ入れをするのは問題があるという認識もあるのかもしれないし、何が支援となるのか不明なのかもしれない。先に見たように、上位自治体の場合、関係企業・団体などとの協議や連携の橋渡しなど、経営の安定化につながるソフトなインフラ整備を積極的に行うところが多い。これは、域外企業との連携、ＣＤＭやJ-VER[6]の利用なども同様である。

　地域ブランドの確立は、自治体ならではの活動である。バイオマス利活用事業をまちづくりの中に組み込んで、地域ブランドとして関連商品の販売戦略を確立することは、住民にとってまちづくりのアイデンティティの中でバイオマス関連商品を認識することができるようになるし、地域外にもアピール力を持つようになる。上位自治体ではブランド戦略を持っているところが少なくない。上位の民間事業所も同様である。

　またバイオマス資源を使った新しい商品開発も事業の安定的な発展には欠かせない。バイオマス資源化事業を実施している事業者が新しい商品開発に取り組む例（例えば都城市で鶏ふん発電を利用してエコフィードづくりをしている南国興産(株)は、牛ふんペレットや牛ふんボイラーの開発にも着手している）や地域の中に関連事業が生まれてきた例（真庭市の猫砂や木質コンクリートなど）などがある。それらの事業の発展にも連携や支援が欠かせない。

　補助金のように財政資源を使う支援だけでなく、連携を軸に、知恵と労力を使ったソフトな支援はいろいろとありそうである。

　広報は、バイオマス利活用事業のために広く住民や企業の関心を高めていく上で大切であり、連携や参加の土壌を地域社会の中につくり出す。

　私たちが真庭市・朝倉市・大木町・都城市で実施した住民調査や事業

6）国内で実施されるプロジェクトによる温室効果ガスの削減・吸収量をオフセット用クレジットとして認証する制度。

■図11　広報の内訳

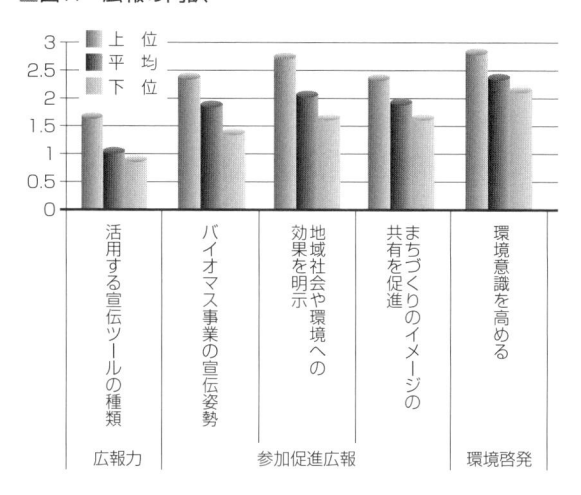

■図12　真庭市民と朝倉市民におけるペレットストーブの購入意向調査

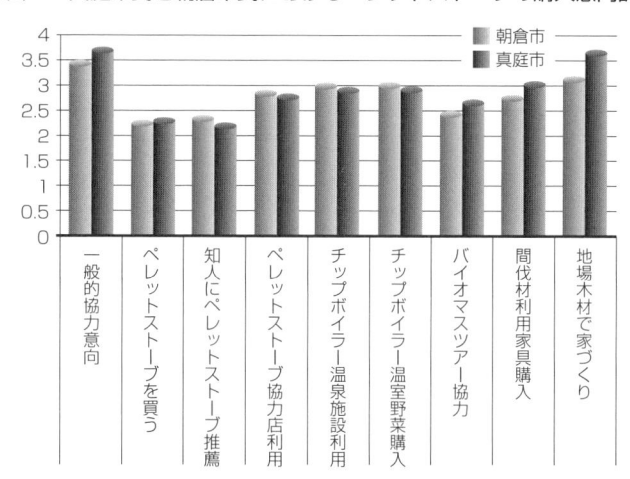

者調査では、バイオマス利活用事業の認知度、地域社会に対する効果に関する認識が、協力意向に対して非常に強く働いていた。図11の広報の内訳を見ると、上位自治体は、多様な宣伝ツールを活用して、自治体のバイオマス事業の宣伝、地域社会への効果、まちづくりとしての意味などを積極的に広報していた。

またバイオマス事業に取り組んでいる事業者や需要面で協力している事業者を広く宣伝することは、非常に大切である。図12は、真庭市民と朝倉市民に対するペレットストーブの購入意向調査である。バイオマス利活用事業に協力したいという一般的協力意向は、5点満点で平均値が4弱あり非常に高い。しかし、ペレットストーブは本体価格が石油ストーブなどに比べて高い上、ペレットの供給体制も整っていないことから住民の購入意向は2.5以下であり低い。しかしながら、チップボイラーやペレットストーブを購入した事業者が提供する商品・サービスについての購入意欲は、それよりは相対的に高い。一方で事業者側のアンケートでは、「自社のイメージ向上」がボイラーやストーブの購入意向に効いていた。ボイラーやストーブを購入した協力事業者のイメージを向上させることは、それら事業者の商品やサービスに対する消費者の購入意欲を高めることになる。そのことによってさらに事業者のボイラーなどの購入を広げていくことができる。大口需要者である事業者需要を先行させて拡大することは、燃料などの供給体制を確立させることにつながり、家庭のストーブ購入条件の整備にもなろう。

　また、まちづくりとしてバイオマス利活用事業をしっかり位置づけて広報に取り組むことは、需要拡大だけでなく、関連施設の建設の上でも重要である。バイオマス資源の多くは廃棄物であり、まちづくりを担う事業として位置づけがないなら、ごみ処理場として迷惑施設になりかねない。実際に、素晴らしい内容を持つバイオマス事業計画が、施設建設に対する近隣住民の反対で頓挫した例もある。大木町は、そのイメージを逆転させ、総合計画上、町の中心として発展させたいところにし尿と生ごみを処理するバイオマス施設を置き成功した。どのような位置づけとイメージで事業をするのかが大切である。

人材育成──人材力

　これまでは、円滑なバイオマス利活用に不可欠な計画の作成や広報、参加・連携のプロセスなどの仕組みづくりについて紹介してきたが、それらの取り組みを支えるのは、人材である。本調査では、人材育成について、役場

■図13　人材育成

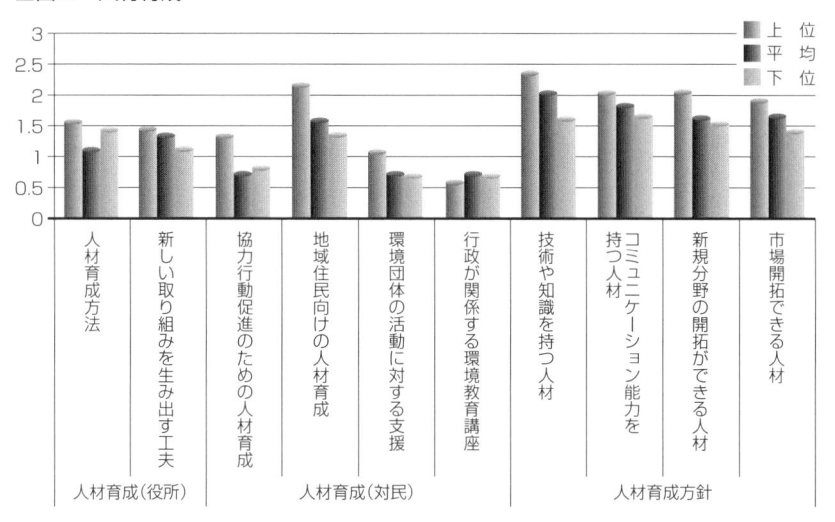

人材育成(役所)	人材育成(対民)	人材育成方針

項目: 人材育成方法／新しい取り組みを生み出す工夫／協力行動促進のための人材育成／地域住民向けの人材育成／環境団体の活動に対する支援／行政が関係する環境教育講座／技術や知識を持つ人材／コミュニケーション能力を持つ人材／新規分野の開拓ができる人材／市場開拓できる人材

凡例：上位／平均／下位

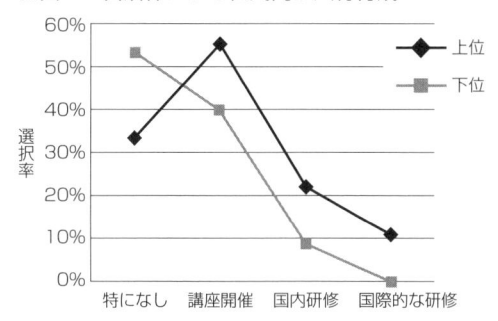

内の職員向けの取り組み、地域住民の環境意識の向上などを図る住民向けの取り組み、どのような人材を育成するかという「育成方針」に分けて尋ねた（図13）。

■図14　自治体による住民向け人材育成

横軸：特になし／講座開催／国内研修／国際的な研修
縦軸：選択率
凡例：上位／下位

人材育成の多くの項目で上位自治体と平均との間に大きな差がなかった。ただし下位自治体では、上位や平均に対して劣っている項目が多く、全体として低調といえそうである。唯一環境教育講座の開催のみが上回った。

上位自治体で特に高かったのは、「地域住民向けの人材育成」であった。環境団体の活動支援にも積極的である。住民向け人材育成の取り組み内容（図14）としては、様々な人材育成講座の開催が活発に行われている。住民向けの国内研修事業や海外研修事業も行われていた。下位の自治体では「特

■図15　上位・下位自治体のキーパーソンの有無の状況

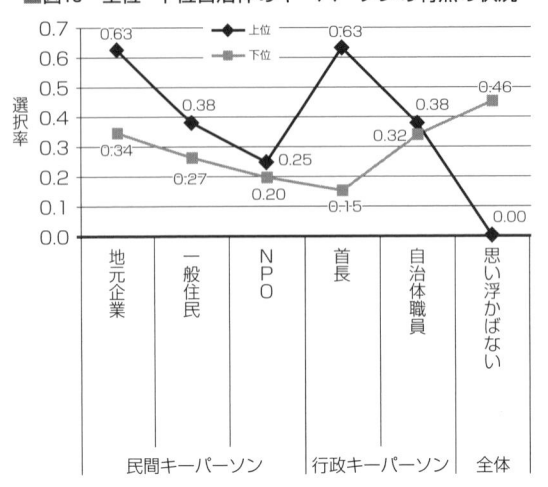

	地元企業	一般住民	NPO	首長	自治体職員	思い浮かばない
上位	0.63	0.38	0.25	0.63	0.38	0.00
下位	0.34	0.27	0.20	0.15	0.32	0.46

民間キーパーソン／行政キーパーソン／全体

になし」が過半数に上った。

さらに人材育成方針（職員向けを含む）においては、上位自治体・下位自治体ともに、技術や知識を持つ人材が最も高かった。次いで、新規分野の開拓ができる人材が上位自治体では高かった。バイオマス事業を、地域の事情に合わせたり、地域的波及効果を生み出すようにやっていくには、新しい発想とそれを実現できる力が求められる場合も多いであろう。

キーパーソン

　地域の住民主体でまちづくりを行う上で、キーパーソンの重要性は様々に論じられている。「キー・パースン」という言葉をつくったとされる哲学者の市井三郎の説を受けて、鶴見和子が、「リーダー」や「エリート」ではない「地域の小さき民」がキーパーソンとして地域の内発的発展に果たす役割について論じている。近年でも地域再生事業においてキーパーソンの役割の重要性が指摘されている。国土交通省による全国都市再生モデル調査（2008年）では、活動の実施に当たってキーパーソンがいた団体は66％となっている。

　キーパーソンとなる人も、彼らが果たす役割も様々である。私たちの自治体アンケート調査では、自治体首長、自治体職員、NPO、住民、企業と多くのキーパーソンが指摘された。注目したいのは、キーパーソンが思い浮かばないと答えた自治体が35％あり、上位自治体は0の一方で、下位自治体は半数近くに上った。上位自治体では民間のキーパーソンは平均2.4人なのに対して、下位自治体では1.2人であった（図15）[7]。下位自治体のキーパーソン

第5章 ■ 地域力を計る

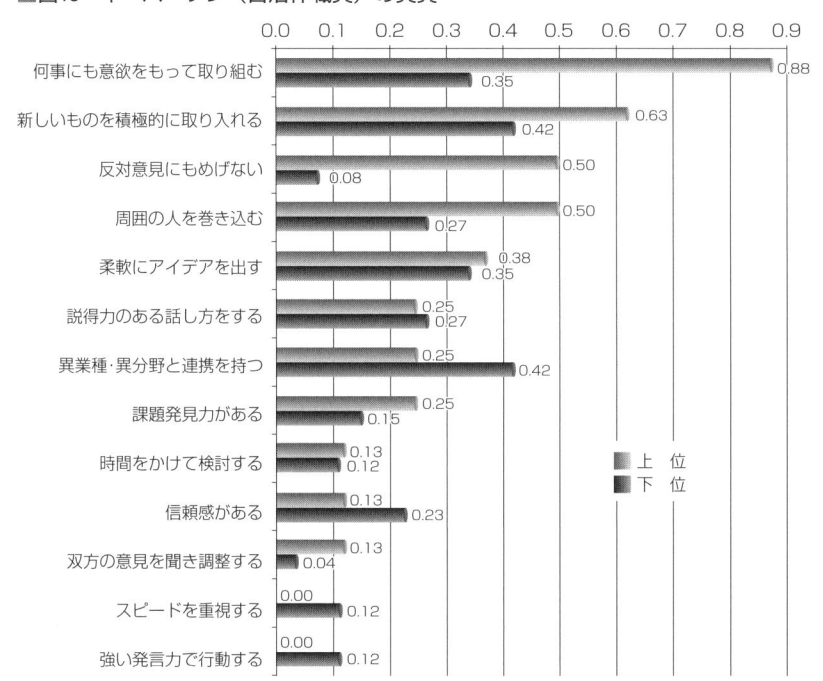

■図16 キーパーソン（自治体職員）の資質

項目	上位	下位
何事にも意欲をもって取り組む	0.88	0.35
新しいものを積極的に取り入れる	0.63	0.42
反対意見にもめげない	0.50	0.08
周囲の人を巻き込む	0.50	0.27
柔軟にアイデアを出す	0.38	0.35
説得力のある話し方をする	0.25	0.27
異業種・異分野と連携を持つ	0.25	0.42
課題発見力がある	0.25	0.15
時間をかけて検討する	0.13	0.12
信頼感がある	0.13	0.23
双方の意見を聞き調整する	0.13	0.04
スピードを重視する	0.00	0.12
強い発言力で行動する	0.00	0.12

は、自治体職員が最も多く、民間人と首長が低いのが特徴となっている。バイオマス利活用事業は、環境行政の枠内で取り組むと良い成果が生まれにくい。町ぐるみで取り組めるように、首長のリーダーシップが欠かせない。首長のリーダーシップがないと、縦割りを越えた庁内連携も難しいであろうし、経済効果を生み出す仕組みづくりも難しい。

　図16は自治体職員のキーパーソンに関する資質である。上位では、何事にも意欲を持って取り組む、新しいものを積極的に取り入れる、反対意見にめげない、周囲の人を巻き込むが多かった。これは、首長であれ職員であれ、あるいは住民や企業であっても、当てはまる資質といえる。バイオマス利活用事業で新しいアイデアを提案することができる、あるいは提案された時に

---

7) 近藤加代子・市瀬亜衣「地域におけるバイオマス利活用におけるキーパーソンの意義に関する研究」（投稿中）

受け入れることができる人、そして一所懸命に取り組み、反対にあってもめげずに粘り強く周りを説得して巻き込んでいける人、そんなイメージがアンケートから浮かんでくる。一方で、強い発言力とスピードを挙げた上位自治体はなかった。バイオマス事業の現場で期待されている首長のリーダーシップとは、強い発言と決定スピードというよりも、多くの人を巻き込み、湧き上がる新しいアイデアを取り入れつつ、事業の前進に結びつけていく力にあるといえるだろう。首長は、多くのキーパーソンを生み出す環境をつくり出すことができる。

3 木質バイオマス事業（民間）

　木質バイオマスの転換事業（チップ生産もしくはペレット生産）に取り組んでいる民間事業所のアンケート分析結果の一部を紹介したい（転換事業について回答した70事業所）。

　収集―転換―利用という事業パフォーマンス評価（表5）について、評価上位10％事業所と下位10％事業所を比較した（図17、図18）。

　取り組み評価において原料確保、販売促進、計画検討、人材力という項目

■表5　木質バイオマス企業のパフォーマンス評価項目

収　集	バイオマス収集状況	
	C・D材の扱う量状況	
転　換	メンテナンス状況	設備故障回数（回／年）
		故障による全体当たりの修理費用率
		メンテナンス費用率（実績値／計画値）
		全体当たりのメンテナンス費用率
	稼働率（実績値／計画値）	
	施設の収支状況（収入／支出）	
	マテリアル生産率（実績値／計画値）	
	導入計画による達成度	
利用・消費	マテリアル利用状況（産物の販売量／年間生産量）	
	マテリアル供給状況（供給先の数）	

で下位の事業所は凹みを持っていた。上位10事業所にはそれほど大きな凹みはなく、まんべんなく取り組み評価が高かった。

　各取り組み指標の内訳を見てみると、上位と下位の差は大きくないものの、いくつか差が目につく項目がある。原料確保では協定で大きな差があり、販売促進では販売拡大方法や販売について協定を結んでいるか否かで大きな差が見られた（図19）。転換施設の原料確保と販売の安定化のために、ある程度強制的な協定を締結することは、企業の資源化事業の事業経済性を成立させるために必要であろう。

■図17　木質事業者のパフォーマンス評価

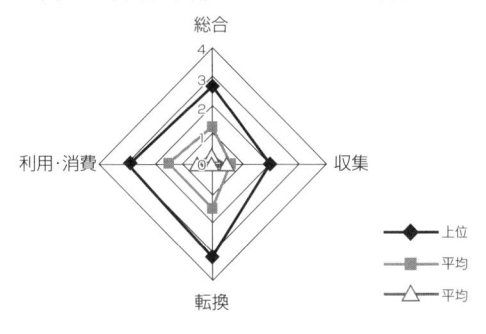

■図18　木質事業者の取り組み評価

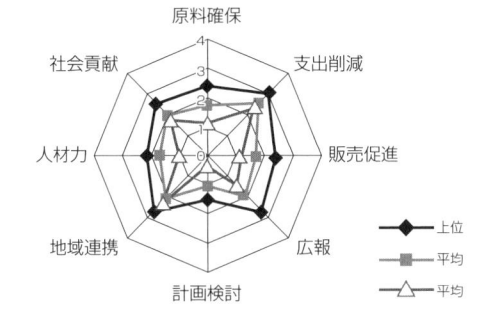

その他では、販売拡大方法について、品質向上、原料の安定供給確保、他の業者との協業、及び需要先の新規開拓という点で違いがあった。また広報では宣伝ツールの数において大きな差が見られた。

　また、計画検討では検討内容数において大きな差が見られた（図20）。人材力においては、一般的な人材育成だけでなく、具体的な指導を通じて職員にメンテナンス技術を身につけさせるのが、企業の事業経済性の改善に有効である。社会貢献では、まちづくり像の共有と環境意識の向上で大きな差が見られた。地域連携において、地域外企業との連携、自治体との協議会や勉強会の実施などで大きな差がある。なお、ペレット工場の収支については第３章を参照してほしい。

■図19　原料確保・販売促進・広報

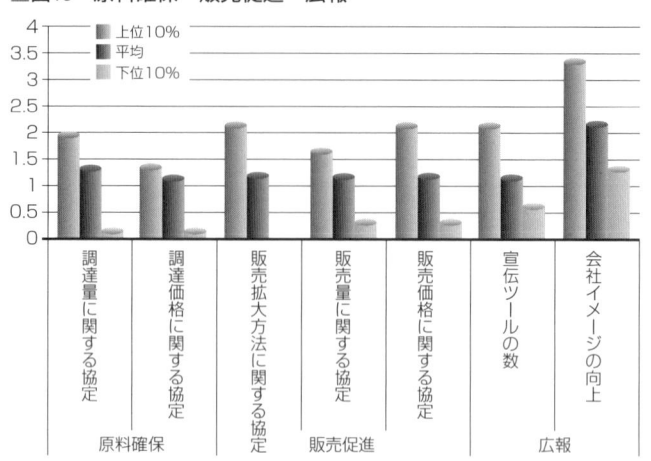

（上位10%／平均／下位10%）

原料確保：調達量に関する協定／調達価格に関する協定
販売促進：販売拡大方法に関する協定／販売量に関する協定／販売価格に関する協定
広報：宣伝ツールの数／会社イメージの向上

■図20　計画検討・人材力・社会貢献・地域連携

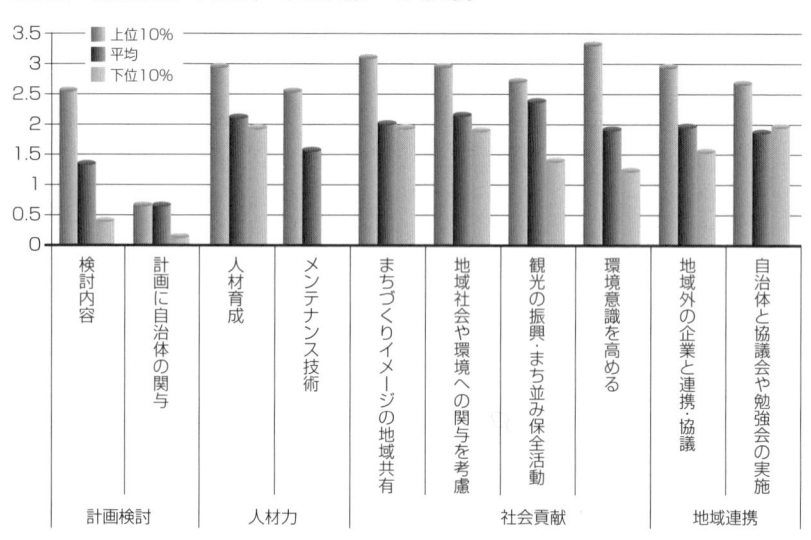

（上位10%／平均／下位10%）

計画検討：検討内容／計画に自治体の関与
人材力：人材育成／メンテナンス技術
社会貢献：まちづくりイメージの地域共有／地域社会や環境への関与を考慮／観光の振興・まち並み保全活動／環境意識を高める
地域連携：地域外の企業と連携・協議／自治体と協議会や勉強会の実施

4 家畜ふん尿バイオマス施設（堆肥化施設）

　転換施設に関する収支情報をアンケートで返してくれたJA10と自治体17、

第5章■地域力を計る

計27団体の収支状況は赤字44.4％と黒字55.6％でほぼ半々であった（すべて堆肥化施設）。収支は、自治体では黒字は3割であるが、JAでは7割と大きな差があった（図21）。

■図21　家畜ふん尿バイオマス施設の収支

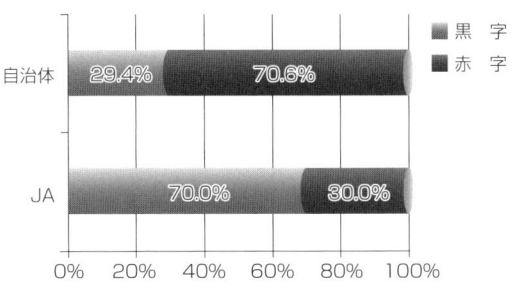

自治体　黒字29.4%　赤字70.6%
JA　黒字70.0%　赤字30.0%

黒字施設では、計画よりも実績の方が支出が減少し収入が多く、赤字施設は真逆であった。

計画とのズレが生じた原因として自治体が挙げたのは、計画値の設定、施設の故障、産物の需要、原料の確保などが多かった。これに対してJAが挙げたのは、施設の故障と作業工程であり、対照的である。

JAは民間事業所であり、施設をつくる際には、原料の確保や産物の需要など基本的な必要条件をクリアして計画するのであろう。自治体は、このあたりの読みが甘く、後で計画値が過大であったと考えているように思える。計画段階で、原料の確保と需要の確保を優先的に行うという基本的な事柄に弱さがあるように思える。また原料の確保と産物の需要は、JAであれば農

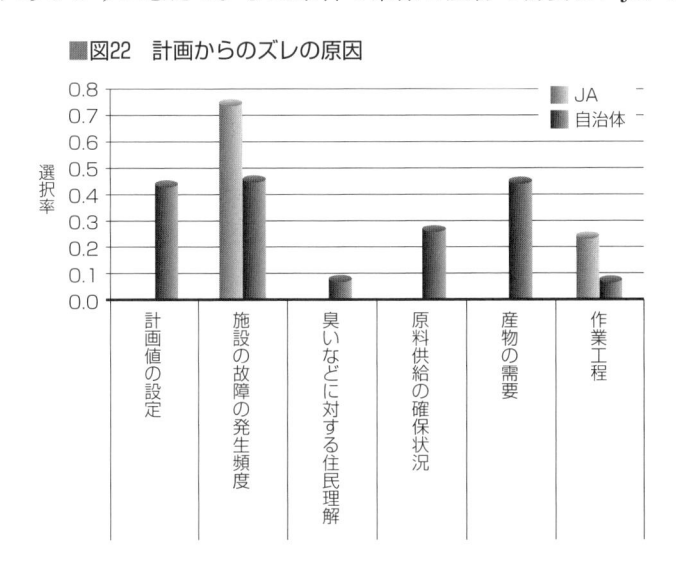

■図22　計画からのズレの原因

選択率（JA／自治体）：計画値の設定、施設の故障の発生頻度、臭いなどに対する住民理解、原料供給の確保状況、産物の需要、作業工程

153

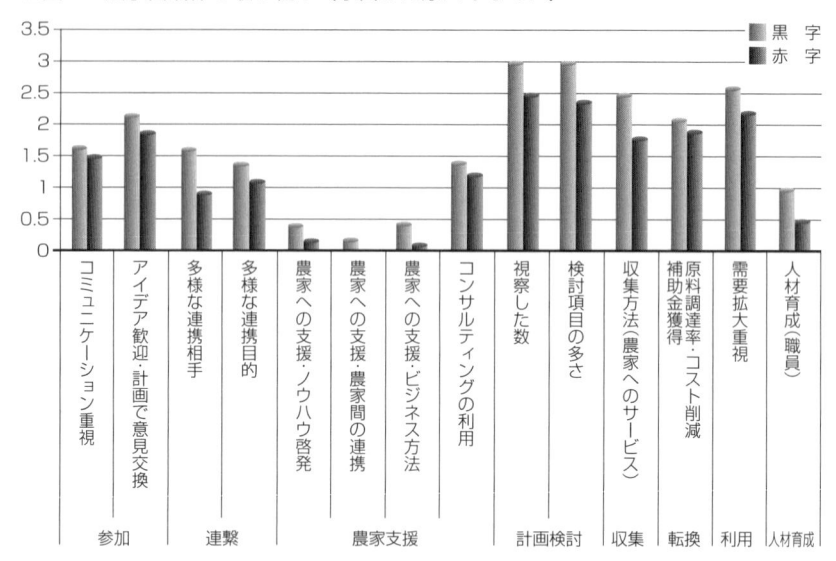

■図23　黒字自治体の取り組み（家畜ふん尿バイオマス）

家とのネットワークで構築できるであろうが、自治体の場合はそうはいかない側面もあるだろう。自治体はJAとの連携を強めて施設計画をつくる必要があろう。

　自治体の取り組み評価を見ると、黒字のところの方が、赤字のところよりも多くの項目で取り組みを頑張っていた（図23）。連繋や施設建設時の入念な検討、収集、転換、利用への取り組み姿勢などに差があった。事前の検討を十分に行い、農家やJAとの連繋をしっかりと行うことで、赤字を回避できる可能性は大きいように思われる。

> キーパーソンが語る 4

企業システムと地域システム

中嶋 健造
NPO 法人土佐の森救援隊事務局長

「バイオマスエネルギー地域システム化実験事業」。私が初めて関わった木質バイオマス事業の事業名だ。2005年から始まった国の事業だ（全国 7 地域で実施）。「地域システム化」。良い響きの事業名だ。疲弊した中山間地域の再興システムが創れるかもしれないと思い期待したものだ。

しかし、そこで構築されるシステムは「地域システム」とはほど遠いものだった。地域をシステムに組み込もうという姿勢は多少見て取れたが、それは付け足し程度で、結果的には企業システムであった。業者が設計し、業者が出して、業者が加工し、業者が使う、という企業システムであったのである。各地域に「企業が中心にならないと動かない」という企業依存型、他者依存型の考え方が根づいていたようである。その結果、地域住民の姿など全く見られない仕組みに、多くの事例がなっていったのである。

我々が担当した仕組みは、林地残材の収集運搬システムの一部「小規模林産」による収集システムであった。企業体（業者と森林組合）以外による収集システム構築である。当初の設計段階では業者（大規模林産）が主体で 6 割、森林組合（中規模林産）が補完で 3 割、小規模林産は付け足しの 1 割という内容であった。1 割ではあったが、我々は「地域システム」を実現するために、地域ぐるみの収集運搬システムを構築し始めた。地域の自伐林家を主体にしながら農家、住民など、誰でもやる気があれば参画できるという仕組みに決めた。

しかし、この案は専門家や行政に「無理だ」「理想論すぎる」などと批判され、重要視されなかった。しかし、結果はどうなったか。大規模林産や中規模林産の事業体は、その採算性の悪さから徐々に離脱してしまったのである。結局、林地残材出荷を続け、さらに安定供給してくれたのは地域の自伐

林家を中心とした小規模林産、地域住民だったのである。専門家たちにとってこの結果は、全く驚きの結果だったのである。この実験事業、どこも参画した企業の採算が合わず、無理が生じ、持続できる仕組みにはならなかったのである。

　近年、バイオマスは化石燃料に負けた産業である。脱温暖化や地域振興という新たな価値をそこに見出すことにより、地域システムとして再生できるかもしれないという思惑があったはずである。しかし、その専門家たちは「地域システム化」という事業名を冠していても、それを正視することなく「企業が地域で行う」程度の感じだったと言える。これまでと同じ産業スタイルで構築され、企業システム化し、失敗の繰り返しになったと言える。

　木質バイオマスシステムは、地域に根ざした脱温暖化・環境共生を目指すツールである。地域の自力というか、地域力を向上させる好循環（成長循環）にさせていくことが重要である。故に地域自ら考える「地域システム」を目指した我々の仕組みは成功し、地域自ら考えない他者依存型の「企業システム」は失敗したと言えるのではないだろうか。

　これは林業界でも同じだ。国策の森林・林業再生プランは、山林所有者は林業をしないということを大前提に策定されたプランと言える。所有と施業を分離して、森林を大規模に集約し、所有者は施業者（森林組合や業者の企業体）に作業委託して行う林業が最も効果的だとしている。日本の林業をこういう請負型企業林業にすることが林業再生であり、森林再生につながるという考え方である。地域からすると他者依存型、企業依存型の林業である。その際、林業企業体は高性能林業機械を導入した大規模な集約化施業を実施しなさいと誘導している。森林経営計画は、大規模集約化施業を実施する企業体が有利になるよう、やりやすくなるような条件が盛り込まれたものに

なっている。山林所有者や山村地域は、森林・林業から手を引きなさいと言わんばかりである。林業を二次産業化させ、「企業システム」一辺倒による林業が現在展開されているのである。

　この結果がどう出てきているか。生産性を上げることで収益を確保するという企業経営型林業が是とされ、業者に加え森林組合までも雪崩を打って大規模請負型林業へ向かったと言える。企業経営ゆえ、生産性を上げ、採算性を合わせるために荒い施業が頻発するようになり、森林破壊につながっているケースも多くなってきた。また大量に材を生産することから、2012年の春には、全国的に原木価格の大暴落まで引き起こしたのである。これらが相まって、林業モラルの崩壊も引き起こしているのではないかと思われる。地域が森林経営を捨て、請負型の企業経営を選んだためにこういう事態を招いたと言える。請負型企業経営が森林経営であると、大きな勘違いをしているのではないだろうか。

　一方で、こういう林業に警鐘を鳴らし、山林所有者や地域が自ら、森林に責任を持ち、林業を実施する自伐林業方式の普及を我々は展開してきたわけだが、大規模請負型林業が広まるにつれ、真逆といえる自伐林業の支持も増えてきた。自伐林業は森林の永続管理と、その森林からの持続的な収入が担保される手法である。この真面目な手法が、大規模請負型林業に疑問を持つ真面目な人々に支持され始めたのだろう。自伐林業方式は地域経営型の森林経営である。森林を良好に保ち、原木の単価を上げ、森林を多目的に活用することにより、経営を安定させる。地域自ら考え、自ら実施するために知恵が出、好循環が生まれ、成功へのスパイラルが回り始める。これがやっと実証できつつある。

　今後地域は、他者依存型で、地域で考える必要のない「企業システム」を選ぶか、地域自ら考え自ら実践する「地域システム」を選ぶかにより大きな結果の違いが出てくるものと考える。木質バイオマスを展開する地域は、このことをよくよく考えるべきである。

コラム

キーパーソンたち
大木町の地上の星空

　大木町の生ごみ分別の取り組みは、モデル事業の開始から数えると2012年で11年目を迎えた。「循環のまちづくり」を町の基本方針として掲げ、活動が長期にわたり継続している裏側に、多くのキーパーソンがいた。一部を紹介したい。

　大木町では、し尿の海洋投棄が禁止されたのを契機に、当時の石川隆文町長（故人）が「し尿もかつては貴重な資源だった」として、各家庭の合併浄化槽の汚泥を町内で資源化する方針を打ち出した。生涯学習課係長の野田昌志さんは、市民団体アースクラブの一員として住民と一緒に環境活動に取り組んできた。野田さんは「大木町のような取り組みは、やはりリーダーがいないといけない。前々町長の石川さんが時のリーダーだった。次の世代のために、きついけれどやっていかなければいけないことを考えていた」と言う。

　石川さんは、住民参加も推進した。住民団体の活動を支援する「大木まちづくりセンター」が2003年に創立されている。野田さんは、創立時にまちづくり活動をコーディネートした職員だった。センターだけでなく大木町の役場全体が、住民の主体的な活動を下支えし、時に協働し、職員一人ひとりが町民と交流する中で、人材を発掘してきた。

　小さな町の力は人だ。大木町は教育に力を入れている。「ひしのみ国際奨学金」は若者が自分で行き先と計画をアレンジして長期留学する仕組みである。ドイツに行って考え方が変わり、帰国後、地域主権と環境共生に基づくまちづくりを積極的に提案するようになったのが、バイオマス利活用事業をコーディネートしている大木町環境課課長の境公雄さんだ。住民の参加を重視し、住民や農家らとの話し合いを繰り返し、大学や研究機関らを巻き込み実証実験や視察を何度も行いながら、循環のまちづくりの仕組みをつくっていった。話し合いに参加する人々は、地域に向けて募集する。その題材によって地域住民が思い浮かんだりすることもあるという。「地域のどこにどのような関心・能力を持った人がいるか」を把握するためには、日ごろから住民との関わりを持つことが不可欠だ。そうした中から新しいキーパーソンが生まれる。

　長年農業を営む今村利光さんは、メタン発酵施設で生産された有機液肥を

利用した菜の花を栽培して4年目だ。菜種油は大木特産「環のかおり」として販売されている。米の収穫が終わった後、一般的には麦や大豆の栽培を行うが、今村さんは「景観の美しい菜の花は人に楽しんでもらえる」と思い、まちおこしの一環として役場とともに菜の花栽培に取り組んだ。さらに菜の花畑をメインにした「菜の花さるこいウォーキング」を仲間や役場とともに企画した。約9kmの田園地帯のコースを歩くイベントは、町の一大イベントになり多くの人が集まっている。菜の花畑の周りでは、菜種油で揚げた地元野菜をふるまったり、今村さんも加わる「ひょっとこ会」が踊りを披露したりする。

バイオガスプラントくるるんの横にある道の駅に併設する健康地域応援レストラン専務の中島陽子さんは、くるるんが"循環のまちの顔"となるために、「循環のまちづくり推進委員会」の一員として話し合いを重ねた。レストランはビュッフェ形式のランチがメインで、液肥利用の減農薬野菜はもちろん、地元野菜をふんだんに使った料理が食べられる。中島さんは、夫婦で養豚や栽培方法にこだわった米や野菜づくりを行っており、これまで食育などのイベントを通して消費者との交流を図ってきた。委員会に参加する中で、「地域で採れた野菜を地域で食べられる場をつくりたい」と思い、レストランをつくることに力を注いだそうだ。レストランでは、町内の子どもたちを集めて食育イベントも行っている。

大木町には、役場の中にも役場の外にも、ここで紹介しきれないキーパーソンたちがたくさんいる。皆、自主性と主体性の塊みたいな人たちだ。楽しいアイデアがみんなからどんどん出てくる。そして我も我もと、人の輪が広がっていく。普通の人がキーパーソン。それを可能にした「循環のまちづくり」のように思われる。

資料 地域カルテ

　2010～12年のバイオマス利活用事業全国調査で得られたアンケート結果をもとに、自治体や事業者の事業の分析を行った。これらの分析を踏まえて、優れた成果が示された自治体や事業所について「カルテ」を作成した。

　紹介する自治体、事業所は以下の通りである。

自治体
　　小林市（宮崎県）
　　足寄町（北海道）
　　別海町（北海道）
　　真庭市（岡山県）
　　大木町（福岡県）

JA・木質関連企業
JAあさひな（宮城県）
JAたまな（熊本県）
東宇和農業協同組合（愛媛県）
岩手江刺農業協同組合（岩手県）
有限会社真貝林工（北海道）
真庭森林組合（岡山県）
銘建工業株式会社（岡山県）

小林市（宮崎県）

人口：4万7,756人（2012年）
面積：563.09km²
気候：年間平均気温16.3℃
バイオマスタウンへの認定：2006年

宮崎県の南西部に位置する小林市は、北部から南西部にかけて九州山地や霧島の山々に囲まれている。恵まれた自然環境を活かし、農業を基幹産業として発展して、農業粗生産額は約309億円（2009年）、このうちの約73％が畜産業、特に肉用牛が生産額の半分ほどを占めている。主なバイオマス利用は家畜ふん尿である。「畜産のまちこばやし」の特性を活かした資源循環型農業や、食と農の地域循環を促進している。これまでの家畜ふん尿・生ごみ・汚泥の堆肥化に加え、家畜ふん尿を軸としたメタンガスによる電熱利用、木質バイオマスの炭化による熱供給、廃食油のBDF化など、再生可能エネルギー事業を含むバイオマス利活用システムの構築を図っている。

鶏ふんはほとんど市外の鶏ふん燃焼変換施設に運ばれる。残りの家畜ふん尿の多くは個人で堆肥化され、残りは小林市バ

■表1　小林市内でのバイオマス資源の利活用現状

バイオマスの種類	賦存量（t/年）	変換・処理方法
家庭系生ごみ	2,633	堆肥化
事業系生ごみ	1,059	堆肥化
家畜ふん尿	329,565	堆肥化・液肥化・メタン発酵
汚泥	2,100	堆肥化
製材・建築残材	5,630	チップ化
動植物性残さ	2,686	堆肥化・メタン発酵
廃食油	122	BDF
稲わら	4,311	飼料・堆肥化
もみがら	680	乾燥・炭化
林地残材（推計）	334	炭化
菜種	10.5	搾油

■表2　家畜頭羽数及び生産額

	飼養頭羽数（頭羽）	総生産額（百万円）	対前年比（％）
肉用繁殖	11,796	4,144	111
肥育	18,000	7,453	93
酪農	1,983	1,294	90
養豚	82,787	4,069	88
養鶏	2,447,766	5,050	100
馬	18	8	189

資料■地域カルテ

■表3　小林市バイオマスセンターの受入量と単価

	受入量（t）	受入単価（円/t）
牛ふん	1,836.5	1,000
豚ふん	1,716.4	2,000
鶏ふん	1,154.4	1,500
汚泥	2,329.0	6,000
残さ	712.5	6,000
一般生ごみ	1,626.8	10,000
事業系生ごみ	621.2	6,000

■図1　小林市のバイオマスパフォーマンス評価

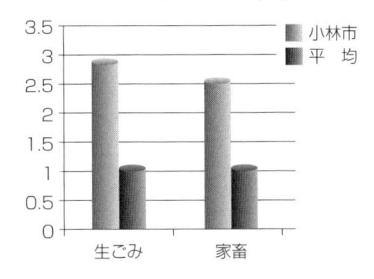

■図2　生ごみパフォーマンス評価の内訳

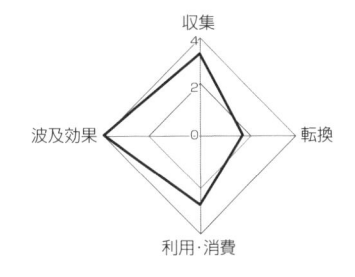

■図3　家畜ふん尿パフォーマンス評価の内訳

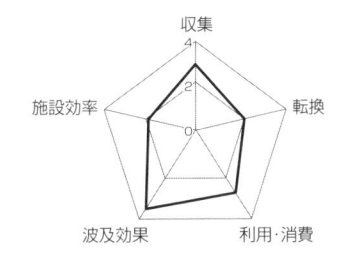

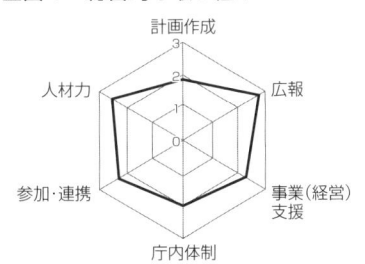

■図4　総合的な取り組み

イオマスセンター（2003年建設、表3）、野尻町有機センター（総処理量8,204 t）などにて処理される。小林バイオマスセンターでは、家畜ふん尿の他、小林市の一般廃棄物系生ごみ、事業系生ごみ、食肉センターや農業集落廃水浄化処理施設からの汚泥も受け入れている。家畜ふん尿の収集は小林堆肥センター、一般廃棄物系生ごみ収集は小林市がパッカー車で行う。それ以外は自己搬入を基本とする。堆肥982 t（2010年）の約70％が農協、約30％はホームセンターにて販売されている。バラ売りで4,000円/t、袋（15kg）売りで350円/袋である。販売されない残りは戻し堆肥となる。

　生ごみとの混合処理を導入し、生ごみと汚泥の処理価格が高いために（表3）、堆肥の販売のみに収入を依存する必要がなくなり事業の収支が好転しただけでなく、自家で家畜ふん尿を処理できない畜産農家の事業を継続させる支援となった。

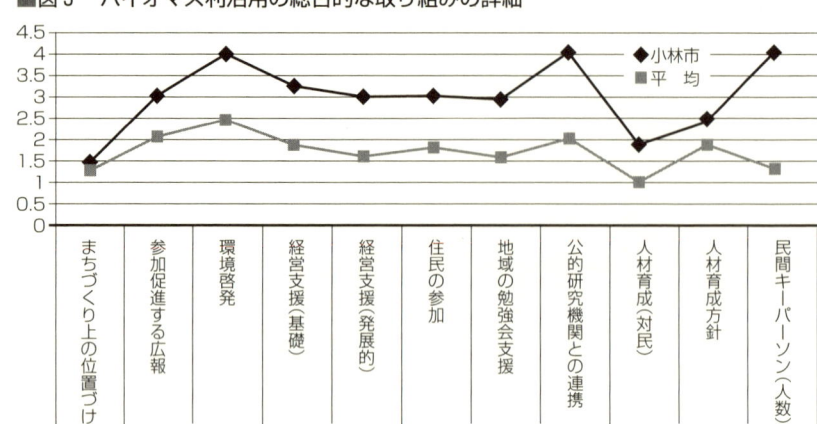

■図5　バイオマス利活用の総合的な取り組みの詳細

■表4　小林市のごみ搬入量及びリサイクル量の推移

年度	1998	1999	2000	2001	2002	2003	2004	2005	2006	2007	2008
リサイクル量（t）	1,503	1,549	1,596	1,822	1,771	1,738	1,926	2,926	3,499	3,502	3,558
可燃ごみ（t）	7,213	7,447	7,370	6,797	6,614	6,434	6,110	3,925	2,629	2,347	1,343
不燃ごみ（t）	1,702	1,792	2,318	1,998	1,898	1,931	1,634	1,098	604	580	418
リサイクル率	14.4%	14.3%	14.1%	17.1%	17.2%	17.2%	19.9%	36.8%	51.8%	54.4%	66.8%

　2005年にメタンガス化設備を整備したが、再三の故障に見舞われ、2012年現在、稼働を停止している。

　産廃焼却施設の建設をめぐり住民投票が行われる（1997年）など住民の環境意識は高い。家庭系生ごみの発生量は約3,685 t／年（2010年4月）と推定され、そのうち約2,000 tが分別収集されている。また電動生ごみ処理機や簡易コンポストも推進し、ほとんどの生ごみが堆肥化されていると考えられる。

　アンケート結果で小林市は、生ごみで評価が1位、家畜ふん尿で8位、総合評価では2位であった。

　発生する生ごみと家畜ふん尿のほとんどを適正に資源化している。さらに地域社会波及効果も大きい。市内全域で生ごみの分別回収を開始した2005年からリサイクル率が格段に改善されており（表4）、住民の8割以上が分

別・収集に協力するようになり、生ごみ以外の分別率も町内活動への住民参加率も高まった。家畜ふん尿の野積みや素掘りが大きく減少した。堆肥利用を促進する施策も充実している。肥料の認証制度、特殊肥料としてのブランド化（「ニューコスモス有機」「コスモスゆうき」「バイオ液肥」）及び宣伝・広告が液肥や堆肥の利用促進に大きく貢献している。

　小林市の取り組み（図5）を見ると、広報及び参加・連携に力を入れている。バイオマス利活用事業を環境政策の中心に位置づけており、市の広報誌、総合計画・基本計画及びパンフレットに事業の目的を掲載して宣伝を行っている。また、事業者や住民との協議会や勉強会を毎年行って環境意識を向上させており、事業の計画段階から地元の事業者、公的研究機関、コンサルタントとの協力・連携を行っている。特筆すべきは事業を計画・推進する上で主導的な役割を担うキーパーソンの人数であり、30～50歳代の自治体職員と地元事業者・住民を合わせて約20人がキーパーソンとして存在する。その中で最も主導的なキーパーソンが首長である市長である。幅広い事業者や住民の主体的な行動を喚起しながら、循環のまちづくりに結びつけるリーダーシップが発揮されているように見受けられる。

■小林市の総合パフォーマンス：141自治体中2位
　（生ごみ資源化事業：29自治体中1位／家畜ふん尿：67自治体中8位）

参考資料
1）2012年バイオマスアンケート調査結果
2）小林市ＨＰ・統計情報及び2012年2月ヒアリング調査時提供資料
3）小林市観光協会ＨＰ
4）ＨＰ「バイオマス情報ヘッドクォーター」の「バイオマスタウン」第10回公表

足寄町（北海道）

人口：7,596人（2012年）
面積：1,408km²
気候：年間平均気温5.7℃
森林面積：11万6,436ha
バイオマスタウンへの認定：2012年

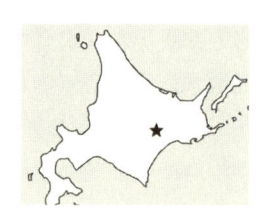

足寄町は日本の町村の中で面積が最も広く、うち林野が全町面積の約85％を占める。農林業を基幹産業としており、バイオマス資源では、家畜ふん尿が最も豊富で、次いで木質バイオマス資源が豊富である。そうした足寄町は、平成13年に「地域新エネルギービジョン」を策定し、バイオマス利活用に積極的に取り組んで

■表1　足寄町内でのバイオマス資源の利活用現状

バイオマスの種類	賦存量（t/年）	変換・処理方法
家畜ふん尿	585,000	堆肥化、液肥化・エネルギー化
食品廃棄物	460	堆肥化、液肥化
廃食油	4	堆肥化、液肥化
し尿処理・下水汚泥	378	堆肥化、液肥化・エネルギー化
製材工場残材	100	製品化、堆肥化、燃料化
林地残材	40,000	製品化、燃料化（ペレット、チップ）
甜菜茎葉	17,020	堆肥化

■図1　「バイオマスタウンあしょろ」実現へのステップ

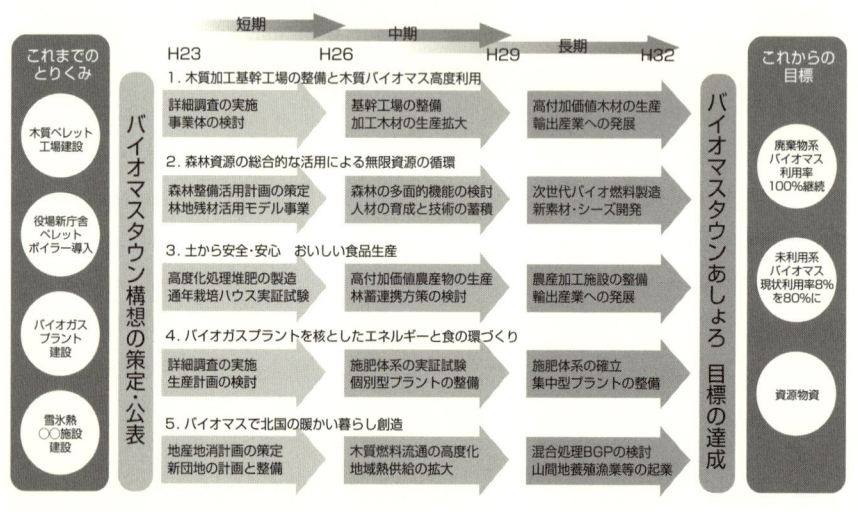

出所：「足寄町バイオマスタウン構想　概要版」

資料■地域カルテ

■表2　足寄町の木質資源・家畜ふん尿の転換施設

生産工場：チップ生産工場4カ所、ペレット生産工場1カ所 家畜ふん尿の資源化施設：堆肥化施設5カ所（JA主体）、バイオガス化施設2カ所（JA主体） バイオガス化（メタン発酵）によるバイオガス発生量：165,791Nm3/年

きた。バイオマスタウン認定は2012年であり、「ウッドバレーあしょろ」として、木質を中心に、家畜、生ごみなどのバイオマス事業を総合的に推進する中長期的計画と実現に向けたロードマップを作成している（図1）。

中心となる事業は、森林資源の循環利用である。木材の生産・加工に始まり、それらの利活用、最終的な廃棄物の燃料や肥料としての利用に至るまでの総合的な活用システムを関連産業が連携して推進し、林業の高度化と産業間連携を進めていく計画である。

さらに畜産バイオマスや生ごみバイオマスの利活用を進めている。2004年に家畜ふん尿バイオガスプラント建設、2005年にはペレット工場操業を開始した。推進する体制として、農協や企業、大学、商工会などからなる地域資源活用促進協議会を位置づけ、協議会が中核の連携体制を構築し、地域活性化戦略の検討や、その実現に向けた情報交換、意思決定を行っている。

■図2　足寄町のバイオマスパフォーマンス評価

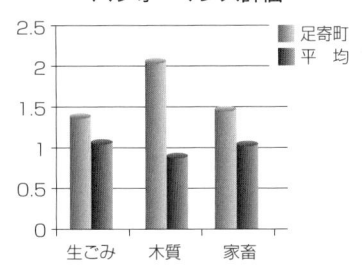

■図3　生ごみパフォーマンス評価の内訳

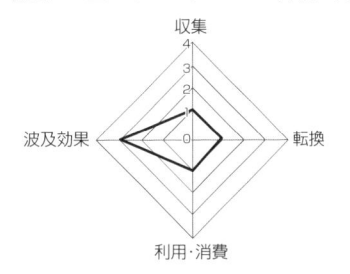

■図4　木質バイオマスパフォーマンス評価の内訳

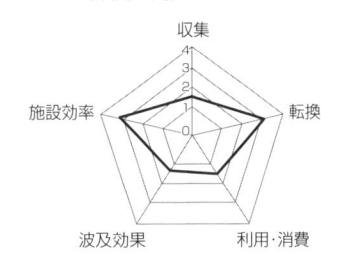

足寄町におけるバイオマスタウン構想は、本格的に動き始めたところで、商品開発や工場の整備などの実証実験を現在進めている。今後どのように発

■図5 家畜ふん尿パフォーマンス評価の内訳

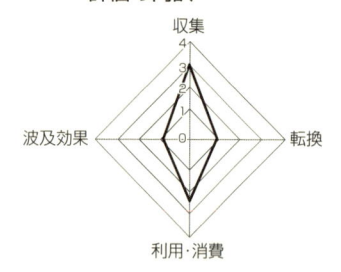

■図6 総合的な取り組み

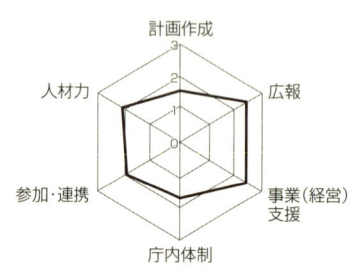

展していくか、足寄町の動向が注目される。

足寄町では、生ごみ、木質バイオマス、家畜ふん尿の各バイオマス利活用事業に総合的に取り組んでいることが総合評価を押し上げている（図2）。

各バイオマス事業のパフォーマンスを見ると、それぞれに成果を出している部分と課題を抱えている部分とがあることがわかる。生ごみ系バイオマスでは、生ごみ以外の分別参加率で町内活動参加が改善された（地域社会波及効果）。木質バイオマス事業においては、もともとの製材所のチップ化施設の他に、ペレット化施設がある。ペレット工場などの稼働率状況は良好である。家畜ふん尿バイオマスでは畜産農家の協力や生成物の利用・消費も良い成果をあげている。JAが資源化施設を多く抱え、バイオガス発生量も16万Nm3と多い（表2、図5）。一方生ごみでは、収集コスト、堆肥の利用先の確保、木質事業では収集や需要開拓などに課題を抱えている。

足寄町の取り組みとしては、広報と事業支援に力を入れている（図6）。町の総合計画の中で、バイオマスタウン構想を中心に据え、構想のビジョン・波及効果・ビジネスモデルの掲載などを行った。総合計画上の位置づけがしっかりしているために、広報も事業の目的と効果について意識的に行われている。参加・連携では公的機関（研究機関）との連携が高い。九州大・北海道大・帯広畜産大他各研究機関との協力のもと、事業調査や実証実験を数多く実施している。「足寄町地域資源活用促進協議会」をつくり、広範な関係企業・住民・大学の参加を得て、計画の立案と事業の推進が取り組まれている（図7）。こうした体制づくりが、異なるバイオマス資源化を総合的に進めていく基盤となっているといえよう。ただし、ヒアリングによると各

資料■地域カルテ

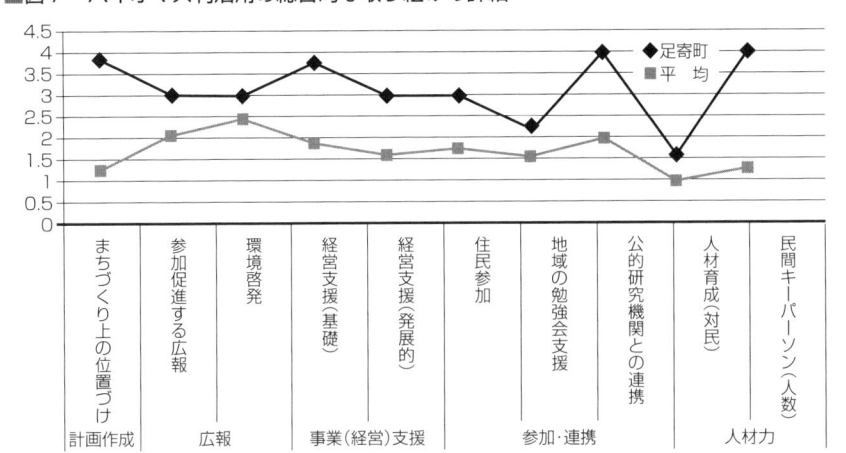

■図7　バイオマス利活用の総合的な取り組みの詳細

主体の巻き込みや事業化に課題があるということであった。アンケートの取り組み指標では、庁内体制、人材育成、計画づくりなどにも課題がありそうである。足寄町では少子高齢化の進行に加え、就業場所や高校など教育機関の少なさから、人口流出への対応を課題として掲げている。豊かなバイオマス資源を活かして町の活性化につなげるべくスタートしたバイオマス構想であり、多角的な取り組みが一歩ずつ進んでいくことを期待したい。

- ■足寄町の総合パフォーマンス：141自治体中3位
  （生ごみ資源化事業：29自治体中10位／木質バイオマス事業：70自治体中5位／家畜ふん尿：67自治体中20位）

参考資料
1）2012年バイオマスアンケート調査結果
2）足寄町ＨＰ
2）ＨＰ「バイオマス情報ヘッドクォーター」の「バイオマスタウン」第47回公表
3）「足寄町バイオマスタウン構想報告書」（2011年）

別海町（北海道）

人口：1万5,964人（2012年）
面積：1,320.23km²
気候：年間平均気温5〜6℃
地形：全般に山岳なし、大平原
畜産農家戸数：841／肉牛頭数：7,311／乳牛頭数：10万7,453（2010年）
バイオマスタウンへの認定：2006年

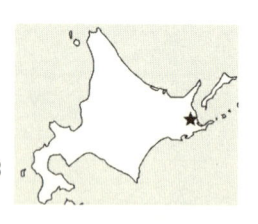

別海町の基幹産業は、酪農と漁業である。日本一の「酪農王国」といわれ大手の関連事業所が集積している。2002年度にNEDOの支援で実施した別海町のエネルギー賦存量調査では、乳牛ふん尿から得られるエネルギー量は町内エネルギー需要量の44.6％になった。地域に存在する豊富なバイオマス資源を、新エネルギーや有機肥料などへ転換するために、町と町民が一体となって循環可能な町づくりを目指し、畜産系バイオマス事業を推進している。

別海町の畜産系バイオマス事業の特徴は以下の通りである。

（1）戸別利用型と共同利用型の両方でバイオガス化事業を推進している。
　①戸別型バイオガスプラントは、バイオガス施設法人からリースし、通常の管理は各酪農家がバイオガス事業会社の指導のもとに行うものである。
　②共同型バイオガスプラントは、大規模プラントのことで、委託された会社が、ふん尿搬送、散布、土壌管理などを全体として行うものである。特徴は、ふん尿処理、飼料生産、肥料散布などを酪農経営から分離し、酪農家のサポートとして経営の合理化と効率化という目的を明確にしていることである。

（2）酪農家、農業協同組合及び地元企業の事業参加に

■表1　別海町内でのバイオマス資源の利活用現状

バイオマス種類	賦存量（t/年）	変換・処理方法
乳牛ふん尿	1,965,133	堆肥処理・メタン発酵
肉牛ふん尿	46,084	堆肥処理
水産系廃棄物	18,655	産業廃棄物処理 堆肥処理
生ごみ	4,390	産業廃棄物処理
下水汚泥	41,430m³/年	産業廃棄物処理
建築廃材	896	産業廃棄物処理
間伐材	18,453m³/年	敷料、牧柵、梱包材
乳業汚泥	1,163m³/年	産業廃棄物処理

より地域連携を図り、発生するふん尿消化液を有機肥料として圃場に還元させる事業の中で、観光振興計画、「有機牛乳」のブランド化及び食品加工の起業展開などを支援している。

（3）バイオガスの利用に関しては、2006年3月から精製バイオガスを市販のガス機器で利用し、2008年度からはガソリン代替燃料として利活用が始まった。実証実験を経て2012年現在、バイオガスプラント施設は4基になった。今後集落ごとに適した経済システムの構築が重要とされている。

アンケート調査では、別海町の畜産バイオマスのパフォーマンスは高く（図1）、総合では141自治体中20位で、畜産系バイオマスに取り組んでいる67自治体中、第1位であった。

別海町の家畜ふん尿のパフォーマンスにおいては、収集・転換・利用などのすべてのプロセスにおいて評価が高かった（図2）。

■図1　別海町の家畜ふん尿パフォーマンス評価

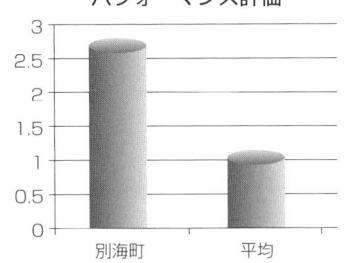

■図2　家畜ふん尿パフォーマンス評価の内訳

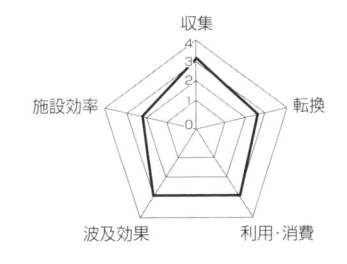

■図3　総合的な取り組み

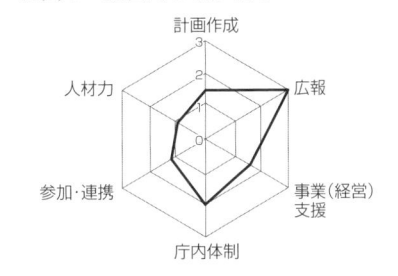

収集では、プラントに投入されているふん尿量が大きく、かつ原料の異物混入率も低い。転換については、施設の稼働率が高い上、収支も黒字になっている。利用・消費については、堆肥・液肥の生産量は全量農家へ還元されている。稼働当初から利用協力が非常に高かった。取り組み施策としては、堆肥・液肥の多様な利用ルート、液肥散布への支援策も充実している。施設に対する住民理解の促進、企業・研究機関との連携の促進、農家（主に酪農）が抱える問題点（協力意欲、コスト）に関する理解、施設のコストパ

■図4　家畜ふん尿パフォーマンス評価の詳細

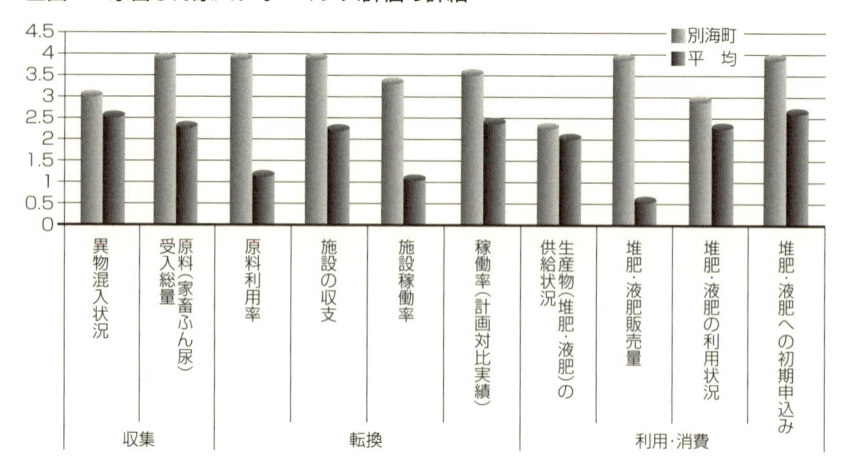

■図5　バイオマス利活用の総合的な取り組みの詳細

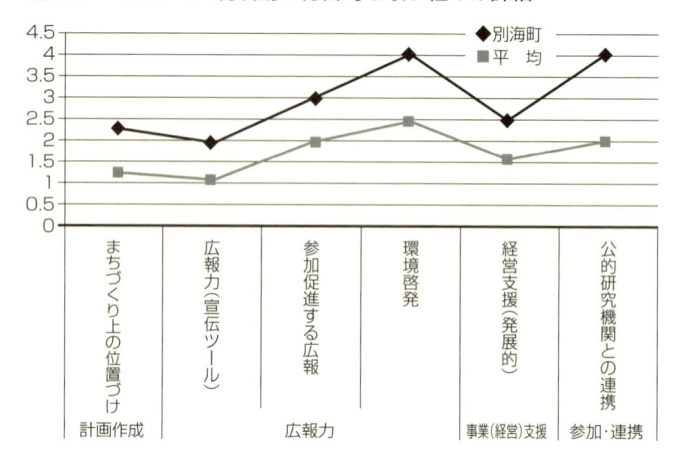

フォーマンスへの関心などにおいても優れている。問題状況の調査と分析、公的機関との連携などに優れ、農家や住民サイドに立った効果的な施策を展開しているように見受けられる。

　また別海町は、まちづくりの上にバイオマス事業を位置づけ、まちぐるみで推進するべく広報活動に力を入れている（図3、5）。まちづくりのイメージや地域効果を明確にし、地域ブランドの形成にも力を入れている。

■別海町の総合パフォーマンス：141自治体中20位（家畜ふん尿：67自治体中1位）

参考資料
1）別海町ＨＰ
2）「別海町バイオマスタウン構想」2006 年
3）ＨＰ「東アジア地域の再生可能エネルギー研究機関等データベース」
　　http://jrdb.asiabiomass.jp/result.php?id=951
4）「バイオガスプラントの稼働実績調査業務概要版」帯広市、2012 年
5）「平成 17 年度 別海町バイオマス利活用計画概要書」別海町産業振興部環境特別推進室、2006 年

真庭市（岡山県）

- 人口：4万9,741人（2013年）
- 面積：848.4km²
- 気候：年間平均気温13.5℃
- 森林面積：652km²（78.8％）
- バイオマスタウンへの認定：2006年

　岡山県の北中部から北西部にかけて位置する真庭市は、北部は高原、中部は温泉地域、南部は市街地で構成されている。真庭市は市土の約8割を森林が占めているため、豊富な森林資源を用いて木質バイオマス利活用事業を積極的に進めている地域の一つである。特に、真庭市は、今まで利用されなかった林地残材や樹皮などの未利用バイオマスを有効に活用するため、真庭バイオマス集積基地を建設し、未利用木質バイオマスが広く活用できる仕組みを構築し、木質バイオマスの集材システムを整備している。

　真庭市内で発生するバイオマス資源の賦存量は36万tであり、その中でも家畜ふん尿と木質バイオマス（木質系廃材、未利用木材、剪定枝）の占める割合がそれぞれ35％と51％で多い（表1）。特に、真庭市では木質系廃材と

■表1　真庭市内でのバイオマス資源の利活用現状

バイオマス種別	賦存量（t/年）	変換・処理方法	利用率
合計	346,851		
廃棄物系バイオマス	269,976		88.5％
木質系廃材	118,373	ペレット化、チップ化、燃焼	91.0％
家畜ふん尿	116,134	堆肥	81.0％
食品廃棄物	12,560	BDF化、原料化	13.9％
紙くず・古紙	4,292	原料化	60.0％
浄化槽など汚泥	18,498	堆肥	100.0％
下水汚泥	119	堆肥	100.0％
未利用バイオマス	76,875		38.2％
未利用木材	57,098	用材、チップ化	13.6％
稲わら	16,677	堆肥	79.7％
もみ殻	2,616	堆肥	71.0％
剪定枝	484	堆肥	17.8％

資料■地域カルテ

■図1　木質バイオマスを実施する自治体のパフォーマンス評価

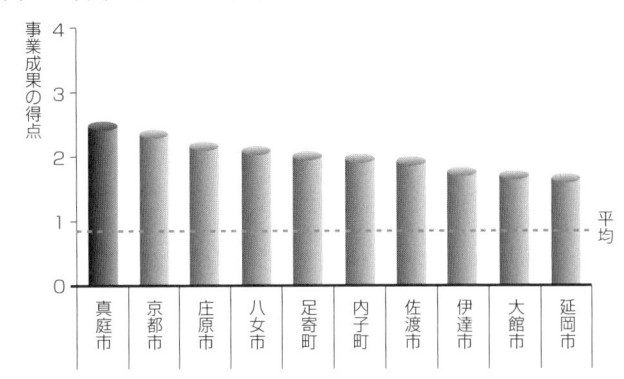

■図2　プロセス別パフォーマンス評価
■図3　総合的な取り組み

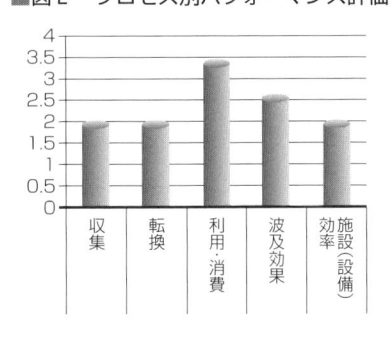

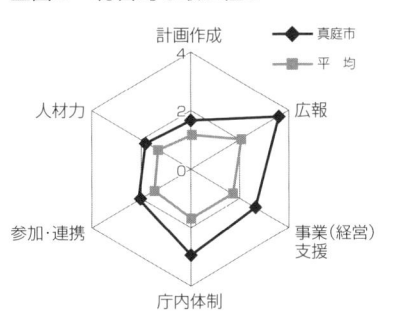

　未利用木材である林地残材を使って、発電・熱利用や木片コンクリートのマテリアル利用など、木質バイオマスを有効に利用するため、積極的に事業が実施されている。

　真庭市は木質バイオマス事業を行っている自治体の中でもかなり良い評価を得ている（図1）。特に、木質バイオマス資源を用いた商品の利用・消費のパフォーマンスは高く、アンケートに答えた全体自治体の67カ所の中、一番高かった（図2）。

　このようなパフォーマンスを得るため、真庭市では様々な取り組みを行っている。図3によると、真庭市で推進している取り組みの得点はすべて平均より高い値を示しているが、その中でも広報と庁内体制への取り組みの得点

が目立つ。真庭市は、円滑な木質バイオマス事業を推進するため、宣伝と参加促進を促す広報とともに、専門家との連携や行政推進者の担当年数を伸ばすなどの庁内体制の取り組みを積極的に進めている。

参考資料
「真庭市バイオマスタウン構想書」及び真庭市HP

資料 ■ 地域カルテ

大木町（福岡県）

人口：1万4,614人（2013年）
面積：18.4km²
気候：年間平均気温16.3℃
農地面積：10.3km²
バイオマスタウンへの認定：2005年

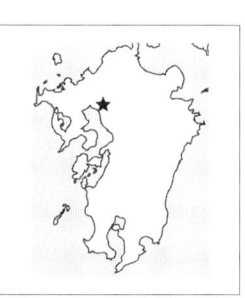

　福岡県の南西部に位置する大木町は、米をはじめ各種農産物を生産する農業地域である。大木町では家庭から出る生ごみ・し尿・汚泥をエネルギーと有機肥料に資源化し、農作物の栽培に有効利用する循環型まちづくりに向けた取り組みを積極的に実施中である。

　大木町内のバイオマス資源の賦存量は約5万tである（表1）。大木町では、ごみの処分量を減らすためメタン発酵施設を建設し、今までごみとして処分してきた食品廃棄物、汚泥（生し尿、浄化槽汚泥）を用いてバイオガスと有機液肥の生産、液肥の利用・普及を行うなど、バイオマスを有効に利用するための各種取り組みを行っている。

　大木町のパフォーマンスの得点を見ると、生ごみバイオマス事業を行っていると答えた25カ所の自治体の中でも第1位の得点を得ており、パフォーマ

■表1　大木町内でのバイオマス資源の利活用現状

バイオマス種別	賦存量（t／年）	変換・処理方法	利用率（％）
合計	50,250		36.5%
廃棄物系バイオマス	46,050		40%
家畜ふん尿	1,100	堆肥	100%
食品廃棄物	1,350	堆肥、BDF燃料化	4〜9%
汚泥	9,100	海洋投棄	0%
製材工場など残材	6,600	チップ化	23〜30%
その他	27,900	肥料化、放置	100%
未利用バイオマス	4,200		4%
稲わら	3,175	農地還元	0%
もみ殻	150	くん炭、畜産敷材	100%
麦稈	875	農地還元	0%

■図1　生ごみバイオマスを実施する自治体のパフォーマンス評価

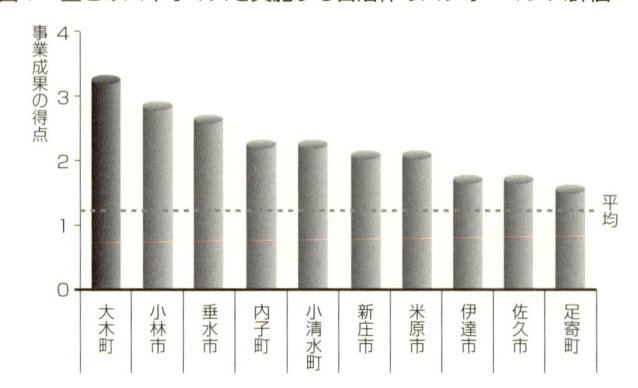

（大木町、小林市、垂水市、内子町、小清水町、新庄市、米原市、伊達市、佐久市、足寄町）

■図2　プロセス別パフォーマンス評価

（(生ごみ)総合、収集、転換、利用・消費、波及効果）

■図3　総合的な取り組み

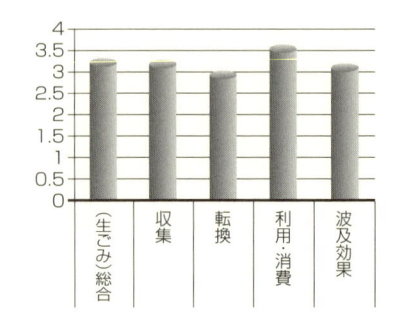

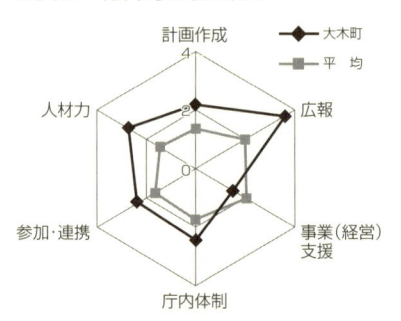

（計画作成、広報、事業(経営)支援、庁内体制、参加・連携、人材力）　大木町／平均

ンス面において良い評価を受けている（図1）。その中でも、図2のプロセス別パフォーマンスの評価結果を見ると、生ごみバイオマス事業を行うことにおいて、関連商品を利用・消費する段階と、資源化の材料となる生ごみなどを集める収集段階でのパフォーマンスの得点が高い。また、生ごみバイオマスの資源化を行うことによって得られるCO_2排出量の削減効果やエネルギー自給率の向上などの波及効果も高いことがわかる。

このようなパフォーマンスを得るため、大木町では様々な取り組みを進めている。図3の大木町で行われている取り組みの評価結果を見ると、事業（経営）支援部門を除いた7つの部門での得点が平均より高い値を示している。特に大木町では、生ごみバイオマス資源化への参加促進や資源化から期

待される効果などの広報に積極的に力を入れている。また、事業関連の人材育成や行政事務の専門性を高めるための庁内体制の構築にも積極的に取り組んでいる。

参考資料
「福岡県大木町バイオマスタウン紹介」
http://www.maff.go.jp/j/biomass/b_town/council/1st/pdf/doc4_2.pdf

JAあさひな（宮城県黒川郡大和町）

- 組合員数：7,610人（2012年）
- 堆肥化施設：1基（年間処理量6,000t）（2012年）
- 家畜頭数：肉牛3,058頭、乳牛1,052頭、豚414頭（1995年）
- アンケートによる事業性評価：58事業者中15位

　JAあさひなは宮城県黒川郡大和町に位置し、仙台市に隣接している都市近郊農村地帯である。

　以前管内では牛ふんの野積みによる水質汚染が問題となり、またホウレンソウ農家もハウスホウレンソウ栽培に連作障害が発生した。肥育牛農家もホウレンソウ栽培農家も双方問題を抱えており、また品質が不明な牛ふんは農家に堆肥として利用されていなかった。そこでJAあさひなが堆肥製造センターを設置し、管内の肥育牛農家からのふん尿をベースに食品残さを混合し、有機肥料「郷の有機」を製造して問題の解決を図っている。最初は食品残さの受け入れには反対があったが、海藻類やカニ殻、ウニ殻などの効果もあって堆肥の質が向上したことにより認められ、また堆肥処理費や農家への販売価格を抑制し、施設の黒字経営につながっている。

　アンケート結果から、JAあさひなは家畜ふん尿バイオマスの利用・消費のパフォーマンスが高い（図1）。これは販売促進や広報に取り組んでいる

■図1　事業パフォーマンス評価

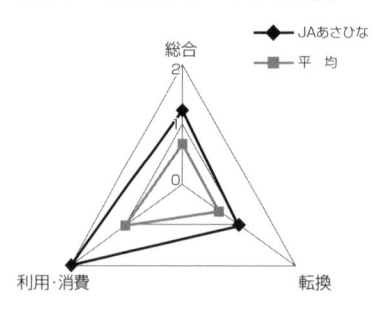

■図2　取り組み評価

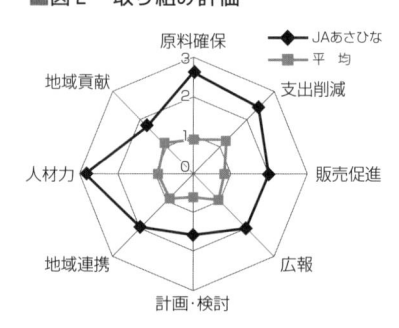

資料 ■ 地域カルテ

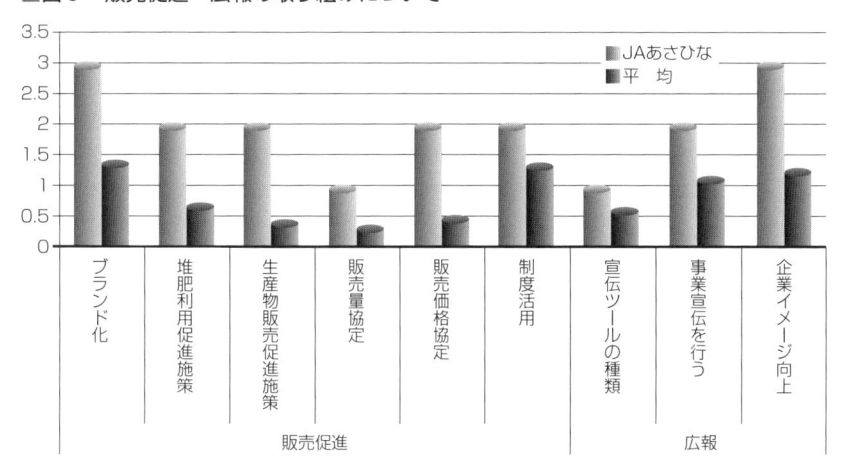

■図3　販売促進・広報の取り組みについて

ためである（図2）。「郷の有機」は栽培実証試験や出荷時の食味計検査により品質が保証されており、商標登録も取得しているなど堆肥利用促進施策を行っている。さらに「郷の有機」を有効に利用する営農指導を行い、農家に利用してもらうことで安心・安全で食味の良い農作物を生産し、地域循環型・環境保全型農業を実践するとともに、農作物のブランド化を図って販売促進を狙っている。さらに「郷の有機」を知ってもらうために「郷の有機」製造プラントの見学会や「郷の有機」特別栽培米を扱った新米まつりを行うなど事業宣伝も力を入れている（図3）。また地域の住民をパートとして雇用したり、東日本大震災で発生した食品残さや津波被害品を広く受け入れるなど地域への貢献活動も行い、地域住民と良好な関係を築いている。このような取り組みが事業のパフォーマンスに結びついている。

JA たまな（熊本県玉名市）

- 組合員数：1万5,638人（2011年）
- 堆肥化施設：2基（年間処理量2,400ｔ）（2011年）
- 家畜頭数：肉牛1,600頭、乳牛100頭（2011年）
- アンケートによる事業性評価：58事業者中12位

　熊本県北部の玉名地域は、域内中央を流れる菊池川流域を中心とする平坦な水田地帯では水稲を基幹作物としてトマト、イチゴなどの施設園芸が盛んであり、中山間地域では同じく水稲と畜産、ミカンやナシなどの果樹、野菜を組み合わせた複合経営が行われている。農業総生産額のおよそ半分は園芸農家で、4分の1は畜産が占めている。

　地域農業の発展には土づくりが重要であるとの認識のもとに、JAたまなは市と共同して、管内で発生する家畜ふん尿の堆肥化事業を行い、管内農家へ供給している。2001年度からは堆肥などによる土づくりの推進や化学肥料を減らした農業を行うエコファーマー制度に取り組み、エコファーマーの認定は900戸を超え、良質な堆肥の需要は高まっている。

　近年耕種農家の高齢化などによる労働力不足などから、堆肥利用が減少している。その一方で、施設の処理能力を超える家畜ふん尿の申し出が出ていることから、さらなる需要を生み出すことに力を入れている（図2）。具体

■図1　事業パフォーマンス評価

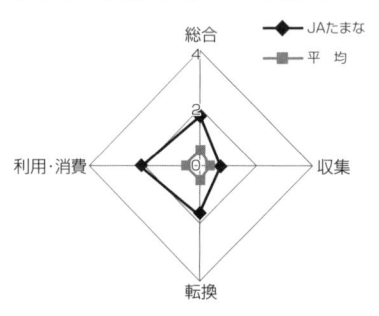

■図2　取り組み評価

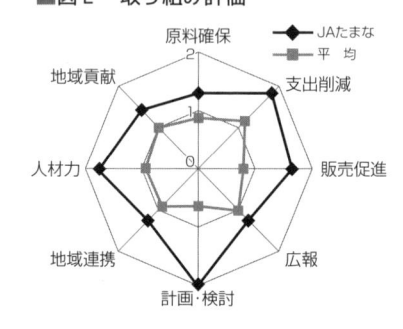

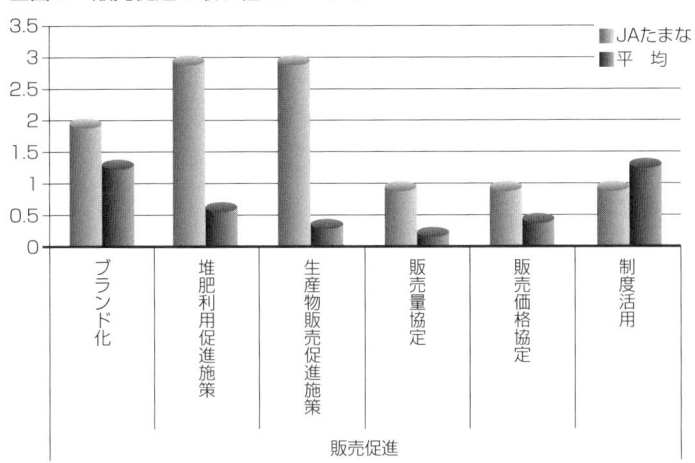

■図3　販売促進の取り組みについて

的な取り組みとしては、堆肥散布機械を導入して労力のかかる堆肥の散布作業を有償で行い、堆肥利用の促進を図っている（図3）。このような取り組みにより、事業パフォーマンスの利用・消費が高くなっている（図1）。

東宇和農業協同組合（愛媛県西予市）

- 組合員数：9,070人（2011年）
- 堆肥化施設：3基（年間処理量：野村町エコセンター3,386 t、城川町高品質堆肥センター2,307 t）（2011年）
- 家畜頭数：乳牛7,084頭、肉牛3,700頭、豚1万9,466頭、採卵鶏16万8,000羽、ブロイラー29万2,000羽（2011年）
- アンケートによる事業性評価：58事業者中1位

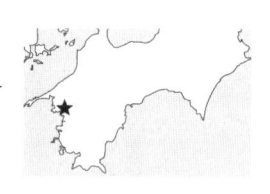

　東宇和農業協同組合（JA東宇和）がある西予市では農業・漁業・畜産業が盛んであり、乳牛・肉牛では県内の4割以上を飼養する県下最大級の畜産地帯となっている。

　JA東宇和は管内で発生した家畜ふん尿の堆肥ペレット化を行っており、アンケートによる事業評価では利用・消費に高い成果が出ている（図1）。成果をあげるための取り組みとしてまず、製造した堆肥の利用を広めようと、県や地元農家らと連携し、堆肥ペレットの需要開拓に向けた実証試験を行っている。堆肥ペレットとは、堆肥を円柱状に圧縮・加工したもので、匂いがなく、輸送しやすくて機械散布に適するなどの特長がある。異業種の建設業者とも協力し、試験に必要な機械や労力を確保するなどしてペレット散布の利便性をPRしている。農家にとって手間のかかる作業を建設業者が請け負うことで、公共事業の減少が続く建設業と農家との相互扶助を狙っている。

■図1　事業パフォーマンス評価

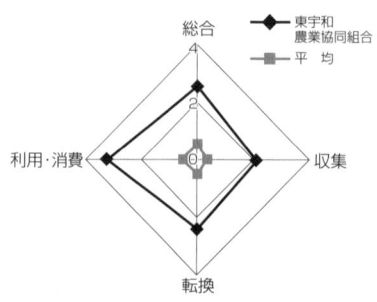

■図2　取り組み評価

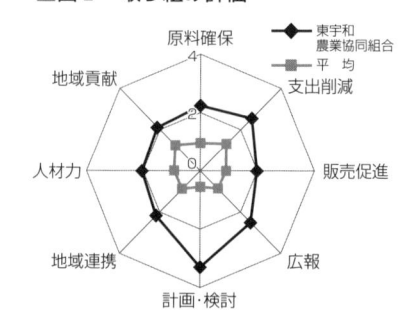

資料■地域カルテ

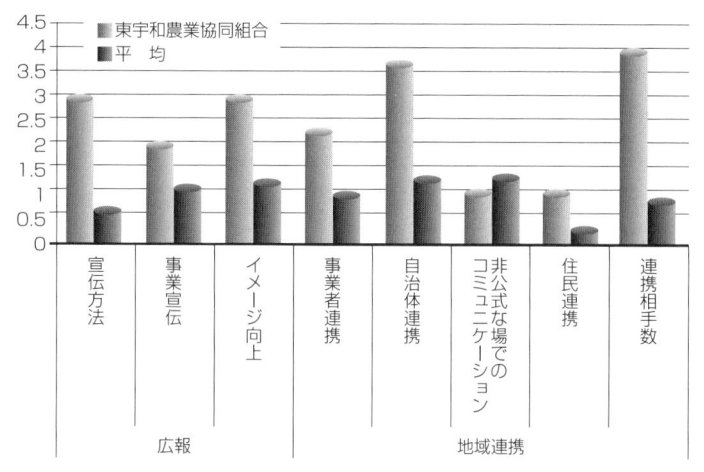

■図3　広報・地域連携の取り組みについて

また、愛媛県やJAグループ、販売業者などと連携し、県内初の愛媛ブランド牛を開発し、地産地消の粗飼料を使うことにより安全・安心で勝負している。このような連携や宣伝の取り組み、特に事業者や自治体との連携、事業の宣伝の取り組みの高さ（図3）が、事業パフォーマンスの高さにつながっている。JA東宇和では、今後も再生可能エネルギー利用を推進すべく、バイオガス化の取り組みも検討している。

岩手江刺農業協同組合（岩手県奥州市）

- 組合員数：6,019人（2011年）
- 堆肥化施設：1基（年間処理量1,709t）（2011年）
- 畜産農家戸数：628戸（2011年）
- 家畜頭数：肉牛3,802頭（2011年）
- アンケートによる事業性評価：58事業者中5位

　岩手江刺農業協同組合は岩手県奥州市にあり、管内では、「江刺金札米」「江刺牛」「江刺野菜」「江刺りんご」のブランドを確立し、地産地消運動の展開はもちろん、全国へ向けても積極的に発信している。

　近年、農業者の高齢化や担い手不足により、耕作放棄地や遊休農地が増加し、無家畜農家も増えてきたため、農地の荒廃や有機質肥料の投入不足による地力の衰えで農業生産が減少していた。また、家畜排せつ物法の施行を機に、有畜農家における堆肥処理など、環境問題もあった。これらの解決に向け、土づくりによる農地の再生を図るとともに、有畜農家の家畜ふん尿処理として堆肥化を始めた。

　アンケートの結果から、岩手江刺農業協同組合は高い事業パフォーマンスを示している（図1）。これは耕種事業者との連携や堆肥の利用促進に力を入れているからである（図3）。具体的取り組みとしては、耕種・畜産間で土づくり協定を締結し、堆肥の安定供給や利用を促進している。また米の食

■図1　事業パフォーマンス評価

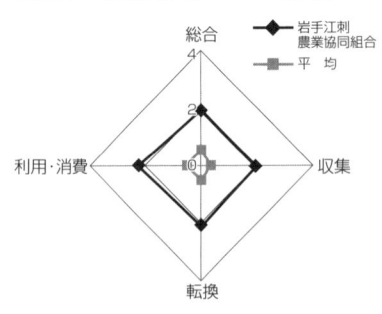

■図2　取り組み評価

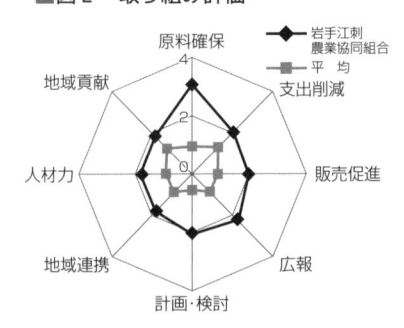

資料 ■ 地域カルテ

■図3 販売促進・地域連携の取り組みについて

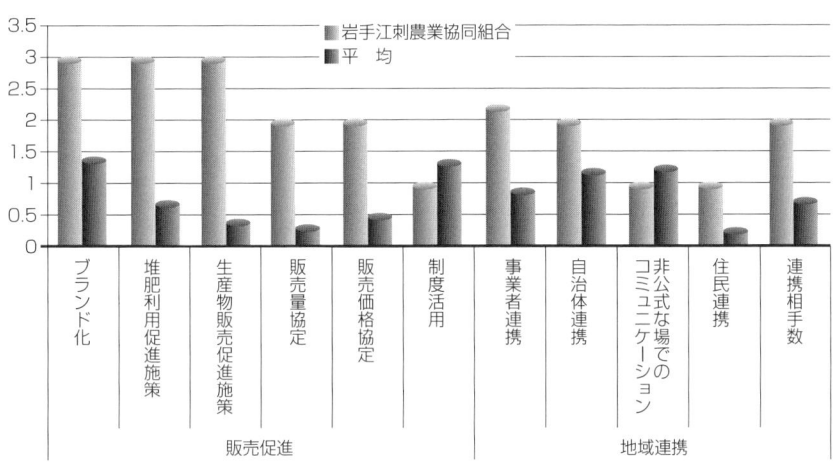

味を維持させるため、産地づくり事業の中で、必ず堆肥を利用するよう指導するなど栽培体系に組み込み、大豆・麦などの転作田での利用でも施肥設計に農協の堆肥を含めるなどマニュアル化して利用を促進している。加えて、安定した品質の製品を供給するために年1回の成分分析並びにコマツナでの発芽試験（春・秋）を行っている。このような事業者と連携した取り組みが高いパフォーマンスを生んでいる。

有限会社真貝林工（北海道紋別郡滝上町）

創業：1951年
資本金：800万円
従業員数：16人（2012年）
資源化施設数：ペレット製造施設1基（2012年）
アンケートによる事業性評価：資源化施設を持つ
　70事業社中1位

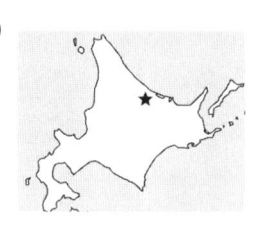

　真貝林工は北海道紋別郡滝上町にある木質ペレット製造企業である。滝上町は人口およそ3,000人で町の約90%、6万9,000haほどの森林面積があり、そのうちの90%ほどがSGEC森林認証を取得している。2009年からは「滝上町バイオマスタウン構想」をスタートし、木質バイオマスエネルギーや農業用資材（水分調整材）として有効利用している。

　町には地元企業8社で構成される滝上木質バイオマス生産組合があり、真貝林工はその一員である。真貝林工はもともと造林業を行っており、森林管理や木材加工の中で発生する端材を有効利用するために木質ペレットや薪の生産・販売を開始している。

　アンケートによる真貝林工のパフォーマンスは、図1の通りすべての項目で平均を上回っている。これは取り組み、特に支出削減や地域貢献の取り組みをはじめとする多くの点で頑張っているからである（図2、3）。多様な主体が連携しながら地域特有のエネルギー資源を活かし、CO_2の削減と地

■図1　プロセス別事業パフォーマンス評価　　■図2　取り組み評価

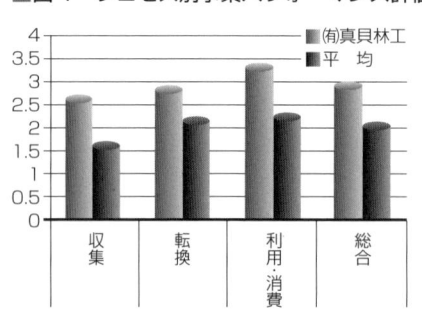

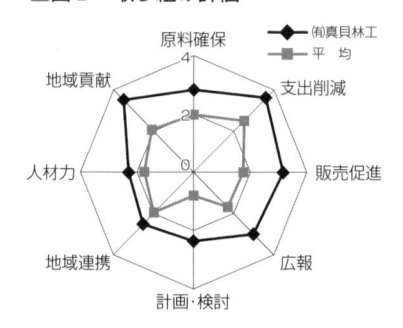

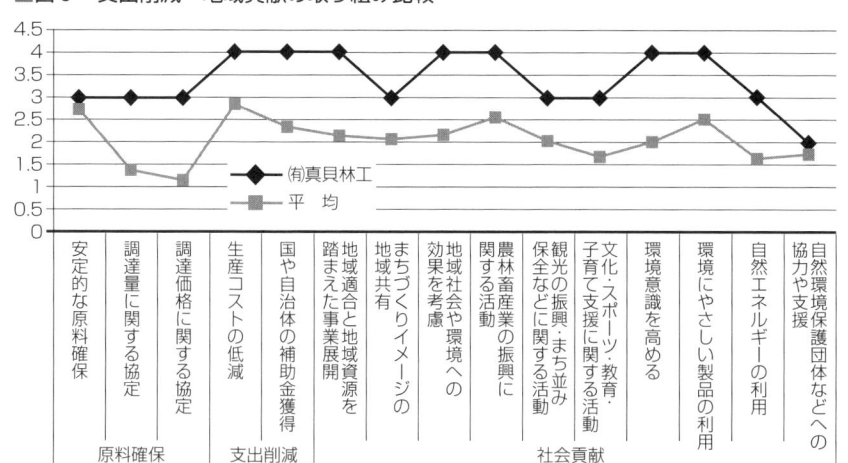

■図3　支出削減・地域貢献の取り組み比較

域経済の活性化を両立する事業を北海道が支援する「一村一炭素おとし」に町や森林組合などと共同で事業申請を行い、認定こども園へ木質ペレットボイラーを導入した。これによってペレットの安定供給と価格低減を図るとともに、ペレットボイラーを知ってもらうことで導入を促したり、環境学習機会の提供を図っている。またSGEC森林認証を取得した山林の木材から生成したペレットの製造・販売も行っている。

真庭森林組合（岡山県真庭市）

素材生産に関わる作業員数：16人（3～5名/班 × 4班）
（2012年）
年間素材生産量：2万m³（2012年）
作業内容：森林管理、（木材関連）素材生産・提供

　真庭森林組合は、1975年に当時の真庭郡内6森林組合が合併し、さらに2005年に美甘村森林組合と合併して誕生した連合組合である。真庭森林組合は大面積の森林を適正に管理しながら、低コスト化を目指した木質バイオマスの素材生産と提供も同時に行っている。真庭森林組合で推進する木質バイオマス事業の実施成果と、円滑な事業実施のために組合で推進する様々な取り組みに関するアンケート調査結果を、それぞれ0～4点の得点にまとめて図1と図2に示した。

　図1の事業パフォーマンスの評価では、真庭森林組合の総合得点は2.7であり、平均の2.1の約1.3倍である。プロセス別で見ると、バイオマス原料の利用や関連商品の生産に関連する転換段階での得点が平均（2.2）の約2倍であり、転換段階の事業パフォーマンスが一番高い。また、木質バイオマスを使った商品の利用・消費段階での得点も2.9で、平均よりも高い。一方、収集段階での得点は平均より低いことがわかる。

■図1　プロセス別事業パフォーマンス評価　　■図2　取り組み評価

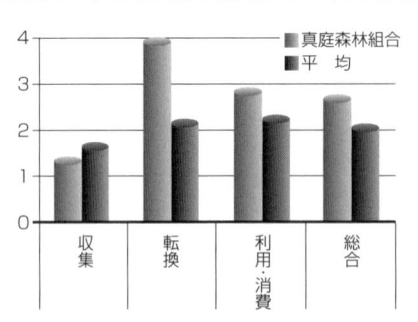

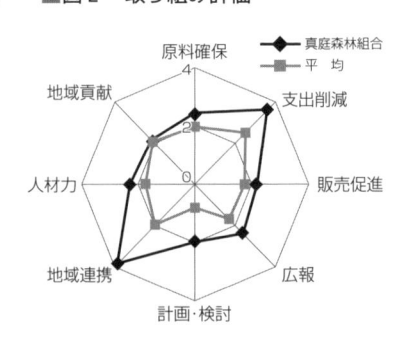

真庭森林組合で推進する木質バイオマス事業の転換段階と利用・消費段階での事業パフォーマンスを大きくするために、各種の取り組みが行われている。地域内事業者と自治体、地域住民とのコミュニケーションによる地域連携と生産コストの削減や、補助金を獲得することによる支出削減への取り組みが積極的に進められている（図2）。また、真庭森林組合では、バイオマス利活用事業の宣伝や組合のイメージ向上のための宣伝（広報活動）、安定的な原料確保への努力、そして人材育成にも力を入れている。

参考資料
「低コストで効率的な素材生産等を行っている林業事業体の活動事例」
http://www.rinya.maff.go.jp/j/kaihatu/kikai/pdf/25okaya_maniwa.pdf

銘建工業株式会社（岡山県真庭市）

従業員数：224名（2011年）
売上：173億円（2011年）
取扱品目：集成材部門、製材部門、バイオマス

　日本有数の集成材の製造・販売メーカーである銘建工業では、木質バイオマスと関連し、木質バイオマス発電事業と木質ペレット製造事業を推進している。銘建工業では、木材加工工程から発生するオガ屑や樹皮などを利用して自社発電をすることにより電力の自給化を達成するとともに、余剰電力の販売により収入を得ている。また、地域から生じる製材廃材や林地残材などを受け入れることにより、自社の収入だけではなく、真庭市の経済波及効果にも貢献している。銘建工業で推進している木質バイオマス事業のパフォーマンスと円滑な事業実施のための取り組みの現状をアンケート調査結果から評価し、図1と図2に示した。

　図1の銘建工業で実施中である事業のパフォーマンスの結果を見ると、総合得点は3.1となり、平均の2.1の約1.5倍である。その中でも、バイオマス原料を利用して商品化する転換段階でのパフォーマンスが一番高い。また、施設収益率も平均の3.5倍の3.5で、かなり高い。

■図1　プロセス別事業パフォーマンス評価　　■図2　取り組み評価

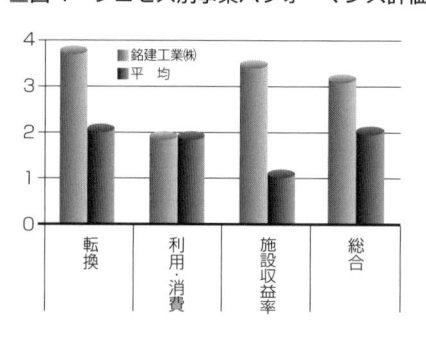

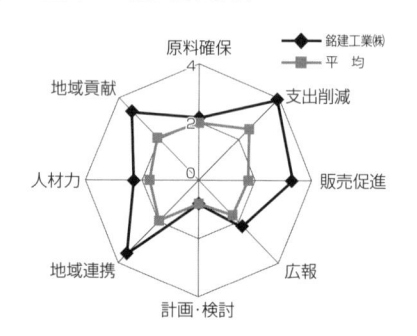

転換段階の事業パフォーマンスと施設収益率を上げるための様々な取り組みの中で、銘建工業では、生産コストの低減や国・自治体の補助金獲得による支出低減への努力を一番積極的に進めている（図２）。また、効果的な事業実施のため、銘建工業では事業者同士での協議会や勉強会の実施、自治体と地域住民とのコミュニケーションなどの地域連携、観光の振興、街並み保存に向けた地域貢献活動、そして商品開発・ブランド化による販売促進などの活動にも積極的に取り組んでいる。

参考資料
銘建工業株式会社ＨＰ・会社概要
http://www.meikenkogyo.com/company/contents/gaiyo.html

あとがき

　本書は、環境省総合推進費「地域におけるバイオマス利活用の事業、経済性分析シナリオの研究」という研究プロジェクトの成果をもとにしている。このプロジェクトを始めることとなったのは、私が九州大学に着任した翌年2009年から、バイオマスの専門家である新産業創造研究機構の大隈修部長とともに各地のバイオマス先進地を訪問して人々のお話を聞き始めたことから始まる。

　そもそものきっかけは、私が、資源エネルギー庁で新エネルギー推進の仕事をしていた2002～04年の思い出から始めなければならない。当時、新エネルギー、再生可能エネルギーは、風力や太陽光が急速に伸びてきていた。しかし、同じように期待されていたバイオマスは、その大きなポテンシャルにもかかわらず、なかなか広がりを見せなかった。私は、バイオマスが他の再生可能エネルギーと全く違い、地域資源を活用した真の分散型エネルギーであり、その成功の鍵は地域力が担うと推察し、バイオマスを拓く地域の力をどのように展開していけばいいのかを空想していた。

　大隈さんと地域を回りながら、先進地と呼ばれたところで見て、聞いたのは、日本のバイオマスの特徴と広がりを見せるための指摘であった。例えば、「日本のバイオマスは間違っている。欧州のバイオマスは自分の庭先でやるもの、日本のバイオマスはメーカーが補助金で引っ張ってくるもの」（小田急フードエコロジーセンター）、「日本のバイオマスは欧米とは全然違う。関係者が非常に多く、地域の人の理解が必要。結果、多くの人の総意が必要である」（九州バイオマスフォーラム・中坊真さん）、「バイオマスは小さな輪をつくり、それを社会システムに育てる必要がある。バイオマスは町ぐるみでやらなければならない」（大木町・境公雄さん）といった言葉である。

　つまり、バイオマスは地域づくりそのものである。そうであれば、単にエネルギーとかリサイクルとかいう視点ではなく、地域のメリット、地域の活

力といった観点からバイオマスを捉える必要があるのではないか、という考えに至る。実際、大木町の境さんに「バイオマスの最大のメリットは何ですか」という質問をしたことがある。その答えは「地域の人が元気になったこと」であった。

こうしたことから、地域で循環型社会に取り組んでいる九州大学の近藤加代子先生と、バイオマス会計によりバイオマスの環境効果や地域効果を計測していた産業技術総合研究所の美濃輪智朗さんとともに地域力計測プロジェクトを始めたのが2010年である。その結果は、本書にすべて収められている。

バイオマスは、生ごみ、木質、畜産など多様な原料とパターンがある。そのそれぞれについて、担う主体と事業性の考え方が異なる。また、地域の資源をもとに発展させていくため、地域にどのようなバイオマス資源、人材リソースなどがあるのかをじっくり検討しなければならない。つまり、地域の資源と地域の人材に合った最適なバイオマス利用のあり方を考えなければならない。そして、バイオマス事業がもたらす環境効果や地域効果を最大限評価しなければならない。こうした目に見えないもの、地域の人が元気になる、といったものの評価は学術的にもまだまだ確立されてはいない。しかし、本当の意味で地域がバイオマスを活用していくためには、こうした地域におけるバイオマスを核とした発展のスケッチをきれいに描いていくことが求められる。本書に掲載された事例は、いずれもこうした地域におけるバイオマスのスケッチを描いた人々の取り組みである。

従来のバイオマスに関する書籍は、バイオマス利用技術の面だけに着目しているものや、バイオマスの賦存量をもとに計算することになっているものが多いと思う。しかし、それだけではバイオマスの持続的な利用は進まない。本書が、バイオマス利用に関心のある多くの自治体、事業者などの方々にヒントを与えるものになったとすれば、これにまさる喜びはない。

また、本プロジェクトの実施過程では、非常に多くの自治体関係者の方々、事業者の方々にお世話になった。各地でアンケートに答えていただいた事業者・住民の方を合わせると数千人もの方々のご協力でこのプロジェクトは実施されたことになる。このようにご協力をいただいた方々に感謝するととも

あとがき

に、関係者の方々からのコメントやご批評をいただきたいと思う。

　最後に、本プロジェクトに資金的援助をいただいた環境省、多面的に支援してくださった九州大学炭素資源国際教育研究センターと芸術工学研究院、いろいろなアドバイスをいただいた九州大学・吉田茂二郎教授、そして福岡県大木町、岡山県真庭市、宮崎県都城(みやこのじょう)市をはじめとして福岡県朝倉市、大分県日田市、兵庫県宍粟(しそう)市、北海道下川町、高知県檮原(ゆすはら)町、有限会社吉弘製材所、南国興産株式会社、銘建工業株式会社、霧島酒造株式会社等々のお世話になった方々に謝意を表したい。本バイオマスプロジェクトは、このような多くの方の協力の輪の中で育まれたものである。

2013年3月

堀　史郎

参考資料一覧

伊佐亜希子・美濃輪智朗・柳下立夫「バイオマス会計を用いたバイオマス事業の波及効果分析」『環境科学会誌』2013年
大隈修「国内事例にみるバイオマス利活用事業の成立要件と実効性の評価」『環境科学会誌』2013年
金丸弘美『地元の力——地域力創造7つの法則』NTT出版、2010年
近藤加代子・曾月萌「木質バイオマス利活用への協力行動の要因に関する分析——岡山県真庭市・福岡県筑後川流域における事業所・市民アンケートから」『環境科学会誌』2013年
近藤加代子・谷正和編『循環から地域を見る——自然循環型地域社会へのデザイン』海鳥社、2010年
近藤加代子・掘史郎・永野亜紀「家庭系生ごみのバイオマス利活用にむけた地域の協力行動の影響要因の分析——大木町を事例として」『芸術工学研究』16、2012年
(財)新エネルギー財団編、(社)日本エネルギー学会編集協力『バイオマス技術ハンドブック』オーム社、2008年
(社)化学工学会・(社)日本エネルギー学会共編『バイオマスプロセスハンドブック』オーム社、2012年
(社)日本エネルギー学会編『バイオマスハンドブック第2版』オーム社、2009年
総務省「バイオマスの利活用に関する政策評価書」
　http://www.soumu.go.jp/menu_news/s-news/39714.html#hyoukasyo
(独)新エネルギー・産業技術総合開発機構『バイオマスエネルギー導入ガイドブック』2010年
永野亜紀・掘史郎・近藤加代子「宮崎市都城市を事例とした民間主導によるバイオマス事業集積地域に関する報告」『芸術工学研究』12、2010年
中村修・遠藤はる奈『成功する生ごみ資源化——ごみ処理コスト・肥料代激減』農山漁村文化協会、2011年

農林水産省
　「バイオマスニッポン総合戦略およびバイオマスタウンの情報」
　　http://www.maff.go.jp/j/biomass/
　「低コストで効率的な素材生産等を行っている林業事業体の活動事例」
　　http://www.rinya.maff.go.jp/j/kaihatu/kikai/pdf/25okaya_maniwa.pdf
　「福岡県大木町バイオマスタウン紹介」
　　http://www.maff.go.jp/j/biomass/b_town/council/1st/pdf/doc4_2.pdf
古市徹監修／有機系廃棄物資源循環システム研究会編著『循環型社会の廃棄物系バイオマス』環境新聞社、2011年
古市徹監修／有機系廃棄物資源循環システム研究会編著『バイオガスの技術とシステム』オーム社、2005年
真山達志・今川晃・井口貢編著『地域力再生の政策学──京都モデルの構築に向けて』ミネルヴァ書房、2010年
MEIKEN、http://www.meikenkogyo.com/company/contents/gaiyo.html
宮西悠司「まちづくりは地域力を高めること」都市計画143号、1986年
Yuemeng ZENG, Kayoko KONDO and Shiro HORI, 'A Covariance Structure Analysis on the Woody Biomass Utilization of Companies in Maniwa City, Okayama, Japan', Journal of Environmental Information Science, 2013.
和田武他『地域資源を活かす温暖化対策──自立する地域をめざして』学芸出版社、2011年

※本書の執筆者チームが実施した各種の調査・研究の情報については、下記のホームページを参照されたい。
　http://biomass.cm.kyushu-u.ac.jp

編著者一覧

■編者

近藤加代子
　九州大学大学院芸術工学研究院環境・遺産デザイン部門准教授
　専門：環境政策、環境経済
　主な著作：『循環から地域を見る――自然循環型地域社会のデザインに向けて』海鳥社、2010年（共編著）

大隈　修
　（公財）新産業創造研究機構研究三部（環境・エネルギー分野）部長
　専門：重質炭素資源転換工学（石炭・バイオマスなど）、プロセス開発工学、石炭液化など
　主な著作：『触媒活用事典』工業調査会、2004年（共著）、*Advances in the Science of Victorian Brown Coal*, Elsevior, 2004（共著）

美濃輪智朗
　（独）産業技術総合研究所バイオマスリファイナリー研究センター　研究チーム長
　専門：バイオマスの熱化学変換、プロセス／システム設計、バイオマス利活用の経済性・環境性評価技術
　主な著作：『バイオマスハンドブック』オーム社、2009年（共著）、『バイオマスプロセスハンドブック』オーム社、2012年（共著）

堀　史郎
　九州大学国際炭素資源教育研究センター客員教授、資源エネルギー庁国際調査官
　専門：エネルギー政策、環境政策
　主な著作：The determinants of household energy-saving behavior : Survey and comparison in five major Asian cities, *Energy Policy*, 2013

■著者及び執筆分担（執筆順）

近藤加代子　序章、第1章1・2、第5章、資料
堀　史郎　　第1章3・5、あとがき
美濃輪智朗　第1章4、第4章
大隈　修　　第1章4、第2章及びコラム
田上　海（九州電技開発株式会社環境エネルギー部）　第1章4、第1章コラム、第3章
柳下立夫（(独)産業技術総合研究所バイオマスリファイナリー研究センター主任研究員）　第1章4、資料（小林市）
境　公雄（大木町環境課長）　キーパーソンが語る1
加藤宏昭（九州電技開発株式会社環境エネルギー部係長）　第3章
中越武義（前檮原町長）　キーパーソンが語る2
文　多美（(独)産業技術総合研究所バイオマスリファイナリー研究センター研究員）　第4章、資料（真庭市、大木町、銘建工業株式会社、真庭森林組合）
森田　学（真庭市産業観光部バイオマス政策課上級主事）　キーパーソンが語る3
中嶋健造（NPO法人土佐の森救援隊事務局長）　キーパーソンが語る4
【九州大学芸術工学研究院近藤研究室の学生とスタッフ】
　曾　月萌（大学院芸術工学府修士2年）　第3章、第5章
　倉富久宜（大学院芸術工学府修士1年）　資料
　徳永竜之助（大学院芸術工学府修士1年）　第5章、資料
　李　潔明（大学院芸術工学府修士1年）　資料
　市瀬亜衣（21世紀プログラム4年）　第5章、コラム・キーパーソンたち
　工藤亜実（芸術工学部環境設計学科4年）　第1章、資料
　吉冨玄蔵（テクニカルスタッフ）　資料

地域力で活かすバイオマス
参加・連携・事業性

■

2013年3月29日　第1刷発行

■

編者　近藤加代子／大隈　修／美濃輪智朗／堀　史郎
発行者　西　俊明
発行所　有限会社海鳥社
〒810-0072　福岡市中央区長浜3丁目1番16号
電話092(771)0132　FAX092(771)2546
印刷・製本　大村印刷株式会社
ISBN978-4-87415-883-8
http://www.kaichosha-f.co.jp
［定価は表紙カバーに表示］